Realización de las operaciones postsoldeo con electrodo

Antonio Pineda Rejas

Realización de las operaciones postsoldeo con electrodo
© Antonio Pineda Rejas

1ª Edición

© IC Editorial, 2025

Editado por: IC Editorial
c/ Cueva de Viera, 2, Local 3
Centro Negocios CADI
29200 Antequera (Málaga)
Teléfono: 952 70 60 04
Fax: 952 84 55 03
Correo electrónico: iceditorial@iceditorial.com
Internet: www.iceditorial.com

ISBN: 979-13-7027-052-0
Depósito Legal: MA 1655-2025

Impresión: PODiPrint
Impreso en Andalucía – España

Nota de la editorial: IC Editorial pertenece a Innovación y Cualificación S. L.

Presentación del manual

El **Certificado de Profesionalidad** es el instrumento de acreditación, en el ámbito de la Administración laboral, de las cualificaciones profesionales del Catálogo Nacional de Cualificaciones Profesionales adquiridas a través de procesos formativos o del proceso de reconocimiento de la experiencia laboral y de vías no formales de formación.

El elemento mínimo acreditable es la **Unidad de Competencia.** La suma de las acreditaciones de las unidades de competencia conforma la acreditación de la competencia general.

Una **Unidad de Competencia** se define como una agrupación de tareas productivas específica que realiza el profesional. Las diferentes unidades de competencia de un certificado de profesionalidad conforman la **Competencia General,** definiendo el conjunto de conocimientos y capacidades que permiten el ejercicio de una actividad profesional determinada.

Cada **Unidad de Competencia** lleva asociado un **Módulo Formativo,** donde se describe la formación necesaria para adquirir esa **Unidad de Competencia,** pudiendo dividirse en **Unidades Formativas.**

El presente manual desarrolla la Unidad Formativa **UF3003: Realización de las operaciones postsoldeo con electrodo,**

perteneciente al Módulo Formativo **MF2314_2: Realización de las operaciones postsoldeo con electrodo,**

asociado a la unidad de competencia **UC2314_2: Realizar las operaciones de comprobación y mejora postsoldeo al soldeo con electrodo,**

del Certificado de Profesionalidad **Soldadura por arco bajo gas protector con electrodo consumible, soldeo «MIG/MAG».**

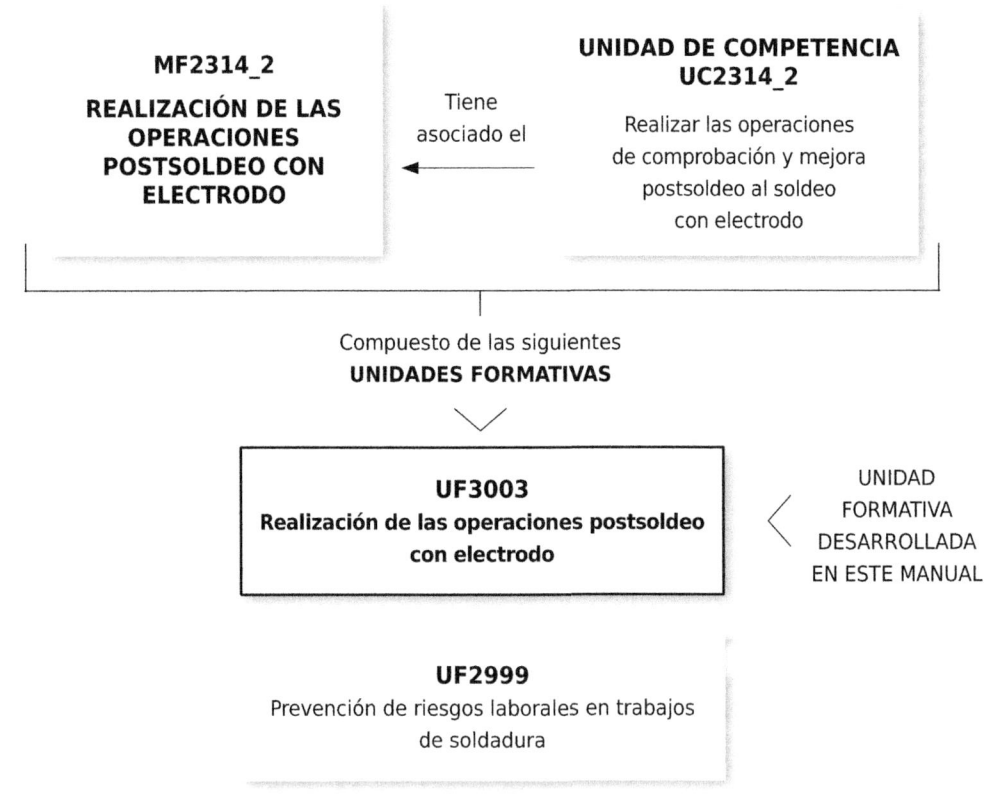

FICHA DE CERTIFICADO DE PROFESIONALIDAD

(FMEC0119_2) SOLDADURA POR ARCO BAJO GAS PROTECTOR CON ELECTRODO CONSUMIBLE, SOLDEO «MIG/MAG»

(R. D. 569/2023, de 4 julio)

COMPETENCIA GENERAL: Realizar las operaciones de soldeo por arco bajo gas protector con electrodo consumible, soldeo «MIG/MAG», de acuerdo con la información aportada por los planos, especificaciones técnicas, especificaciones de los procedimientos de soldeo e instrucciones de trabajo, cumpliendo los estándares de calidad y la normativa aplicable sobre prevención de riesgos laborales y de protección del medioambiente.

Cualificación profesional de referencia	Unidades de competencia		Ocupaciones o puestos de trabajo relacionados
FME684_2 SOLDADURA POR ARCO BAJO GAS PROTECTOR CON ELECTRODO CON CONSUMIBLE, SOLDEO «MIG/MAG» (R. D. 98/2019, de 1 de marzo)	UC2312_2	Realizar las operaciones previas de preparación al soldeo con electrodo.	• Soldadores y oxicortadores. • Soldadores por MIG/MAG. • Soldadores de estructuras metálicas ligeras.
	UC2313_2	Ejecutar las operaciones de soldeo por arco bajo gas protector con electrodo consumible, soldeo «MIG/MAG»	
	UC2314_2	Realizar las operaciones de comprobación y mejora postsoldeo al soldeo con electrodo.	

Correspondiencia con el Catálogo Modular de Formación Profesional

Módulos certificado	Unidades formativas	Horas
MF2312_2: Realización de las operaciones previas al soldeo con electrodo	UF2998: Realización de las operaciones previas al soldeo con electrodo	60
	UF2999: Prevención de riesgos laborales en trabajos de soldadura	30
MF2313_2: Ejecución de las operaciones de soldeo por arco bajo gas protector con electrodo consumible, soldeo «MIG/MAG»	UF3000: Preparación previa al soldeo MIG/MAG y soldadura MAG de chapas y perfiles de acero al carbono	90
	UF3001: Soldadura MIG/MAG de chapas y estructuras de acero al carbono e inoxidable	90
	UF3002: Soldadura con alambre tubular	80
	UF2999: Prevención de riesgos laborales en trabajos de soldadura	30
MF2314_2: Realización de las operaciones postsoldeo con electrodo	UF3003 Realización de las operaciones postsoldeo con electrodo	60
	UF2999: Prevención de riesgos laborales en trabajos de soldadura	30
MFPCT0594: Módulo de formación práctica en centros de trabajo de soldadura MIG/MAG		80

Índice

Objetivos generales

El objetivo general del **MF2314_2: Realización de las operaciones post-soldeo con electrodo,** es:

➲ Realizar las operaciones de comprobación y mejora postsoldeo al soldeo con electrodo.

El objetivo general del **UF3003: Realización de las operaciones postsoldeo con electrodo,** es:

➲ Aplicar las instrucciones recogidas en el plan de puntos de inspección del programa de soldadura, para alcanzar la calidad establecida y documentar la ejecución final de la soldadura, detectando y corrigiendo posibles defectos y recopilando los datos requeridos.
➲ Preparar el conjunto soldado para su uso final o para tratamientos posteriores, realizando operaciones postsoldeo, cumpliendo la normativa aplicable sobre prevención de riesgos laborales y protección del medioambiente.
➲ Realizar tratamientos térmicos y superficiales al conjunto soldado, para alcanzar las propiedades requeridas, cumpliendo las especificaciones y la normativa aplicable sobre prevención de riesgos laborales y protección del medioambiente.

Tratamientos térmicos

Contenido

Objetivos

Los objetivos específicos de esta Unidad de Aprendizaje son:

→ Definir un marco general de tratamientos y recomendaciones complementarias para obtener resultados óptimos de los trabajos realizados.

→ Realizar controles de calidad de las uniones soldadas cumpliendo con los estándares internacionales

1. Introducción

En el mundo de la metalurgia y la soldadura, los resultados finales ocupan un lugar central en la construcción y fabricación de estructuras críticas. El conocimiento profundo de los límites marcados por las normativas vigentes y de las aplicaciones de los tratamientos térmicos se convierte en un componente esencial para el éxito y la durabilidad de cualquier proyecto. Desde los puentes que dibujan el horizonte de las ciudades hasta los vehículos que nos transportan diariamente, detrás de cada obra maestra de ingeniería hay una serie de procesos minuciosamente calculados y ejecutados para asegurar la integridad y la fiabilidad del producto final. Entre estos procesos, los tratamientos térmicos y los controles de calidad juegan un rol insustituible.

Los tratamientos térmicos, en su forma más básica, son procesos controlados de calentamiento y enfriamiento de metales con el propósito de modificar sus propiedades mecánicas y físicas. Estos tratamientos son esenciales no solo para mejorar la resistencia y dureza de los metales, sino también para aliviar tensiones residuales y mejorar la ductilidad. Esta transformación controlada del material bajo condiciones precisas permite adaptarlo a un uso específico, lo que, a su vez, incrementa la longevidad y la seguridad del producto final. Por ejemplo, en la fabricación de componentes aeronáuticos, donde las aleaciones metálicas deben soportar condiciones extremas de temperatura y presión, los tratamientos térmicos proporcionan las características necesarias para evitar fallos catastróficos en vuelo.

Entender los tipos y procedimientos de los tratamientos térmicos y los controles de calidad, así como los parámetros precisos que deben considerarse, es fundamental para cualquier técnico especializado en soldadura y construcción de estructuras metálicas. No se trata solo de aplicar calor, sino de hacerlo de manera controlada y estratégica. La temperatura correcta, el tiempo de exposición adecuado, el tipo de enfriamiento y el uso de equipos apropiados son determinantes para lograr el cambio deseado en el material tratado.

Manuel acaba de terminar una soldadura y en la WPS le indican que, al finalizar, debe realizar una serie de tratamientos térmicos para asegurar que las propiedades finales se corresponden con las exigencias del cliente. Para ello, a lo largo de esta unidad, aprenderá cómo dar por terminado el trabajo con el éxito requerido.

2. Definición y tipos de tratamientos térmicos

☞ HILO CONDUCTOR

Manuel sabe de la importancia de cumplir con lo marcado en la WPS. De él depende que las características del material conserven las propiedades del material base o las optimicen, para cumplir con lo requerido por el cliente. Para ello, es fundamental conocer cómo lograrlo a través de distintas técnicas.

El uso de tratamientos térmicos es una parte fundamental del proceso metalúrgico que acompaña la fabricación y ensamblaje de componentes metálicos en diversos sectores de la industria. Desde la manufactura de maquinaria pesada hasta la producción de piezas de precisión para la industria aeroespacial, el objetivo de los tratamientos térmicos es modificar las propiedades mecánicas y estructurales de un material para optimizar su rendimiento frente a condiciones específicas de operación.

Los tratamientos térmicos son procesos de calentamiento y enfriamiento aplicados a los materiales, principalmente metales y aleaciones, para alterar sus propiedades internas o mantenerlas, según sea la necesidad requerida. Estos procesos toman ventaja de los cambios en la microestructura del material que ocurren a diferentes temperaturas. La microestructura se refiere a la disposición de los átomos y las fases presentes en el material, que son determinantes fundamentales de sus propiedades físicas y mecánicas. El control sobre ciclos de calentamiento y enfriamiento, a menudo llevado a cabo bajo atmósferas controladas, permite alcanzar grados específicos de dureza, resistencia, ductilidad, tenacidad y resistencia a la corrosión.

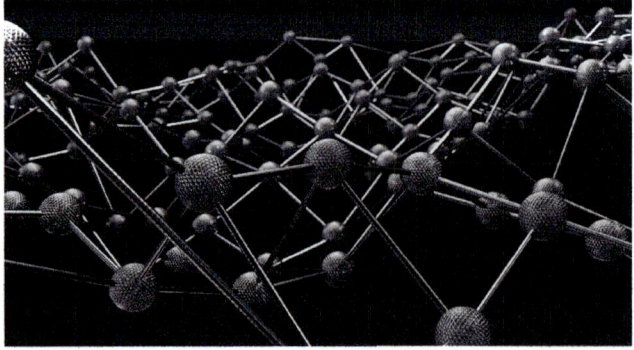

Estructuras metálicas del grano y su análisis microscópico

 **DEFINICIÓN**

WPS

Son las siglas de *welding procedure specification* (especificación del procedimiento de soldadura).

Se trata de un documento crucial que sirve como guía detallada para realizar soldaduras de alta calidad que cumplan con los estándares y códigos aplicables.

Veamos, a continuación, algunos tipos de tratamientos térmicos que nos hagan comprender el porqué de la importancia que tiene esta aplicación sobre los materiales en los que estamos trabajando.

2.1. Recocido

El recocido es un proceso térmico esencial que busca mejorar la ductilidad y reducir la dureza de un material. Este tratamiento térmico elimina tensiones internas, refina el tamaño de grano y homogeneiza la microestructura.

Recocido subcrítico (o de proceso)

Su propósito en la soldadura sería:

- **Aliviar tensiones residuales:** la soldadura introduce tensiones internas en el metal debido al calentamiento y enfriamiento desiguales. El recocido subcrítico ayuda a reducir estas tensiones, previniendo deformaciones y fisuras.
- **Mejorar la maquinabilidad:** después de la soldadura, el metal puede volverse más duro, dificultando su mecanizado. Este tipo de recocido ablanda el material, facilitando procesos como el pulido o la preparación para soldaduras posteriores.

El proceso que se aconseja seguir secuencialmente sería:

- Calentamiento por debajo de la temperatura crítica inferior del material
- Mantenimiento a esa temperatura durante un tiempo determinado
- Enfriamiento lento

Se recomienda para las siguientes aplicaciones:

- Piezas soldadas que requieren un mecanizado posterior
- Estructuras soldadas grandes donde las tensiones residuales son una preocupación

---

Recocido intercrítico

Su propósito en la soldadura sería:

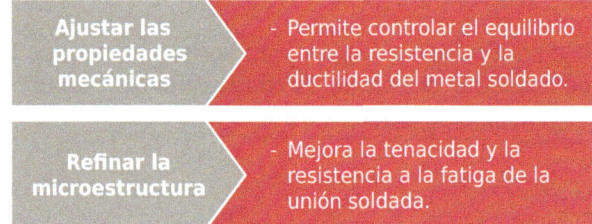

| Ajustar las propiedades mecánicas | - Permite controlar el equilibrio entre la resistencia y la ductilidad del metal soldado. |
| Refinar la microestructura | - Mejora la tenacidad y la resistencia a la fatiga de la unión soldada. |

El proceso que se aconseja seguir secuencialmente sería:

- Calentamiento dentro del rango de temperaturas entre los puntos críticos superior e inferior
- Formación parcial de austenita (una fase del acero que se forma a altas temperaturas, caracterizada por su estructura cúbica centrada en las caras FCC y su capacidad para disolver carbono)
- Enfriamiento controlado

 SABÍAS QUE...

Si el acero se calienta a una temperatura entre 730 °C y 780 °C, se encuentra dentro de la región intercrítica del diagrama hierro-carbono. A esta temperatura, parte de la ferrita se transforma en austenita. Y si lo mantenemos un tiempo (10 min) y se enfría a una velocidad controlada, generalmente al aire o en un horno, para permitir la transformación de la austenita en ferrita y perlita fina, sus características cambian: mejora su ductilidad, tenacidad y resistencia.

Recocido completo

Su propósito en la soldadura sería:

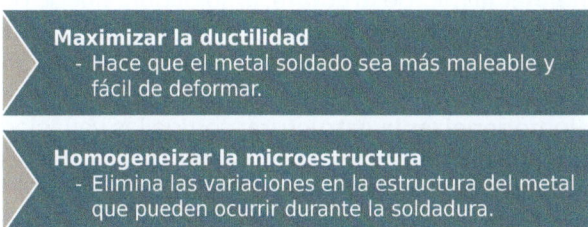

Maximizar la ductilidad
- Hace que el metal soldado sea más maleable y fácil de deformar.

Homogeneizar la microestructura
- Elimina las variaciones en la estructura del metal que pueden ocurrir durante la soldadura.

El proceso que se aconseja seguir secuencialmente sería:

➲ Calentamiento por encima de la temperatura crítica superior
➲ Austenización completa
➲ Enfriamiento muy lento

Se recomienda para las siguientes aplicaciones:

➲ Soldaduras que requieren una alta capacidad de deformación.
➲ Piezas soldadas que serán sometidas a procesos de conformado en frío.

Las consideraciones importantes que se deben tener en cuenta son:

➲ La elección del tipo de recocido depende del material base, el proceso de soldadura utilizado y los requisitos de la aplicación.
➲ Es fundamental controlar cuidadosamente las temperaturas y los tiempos de recocido para obtener los resultados deseados.
➲ Es importante recordar que cada tipo de metal tiene diferentes temperaturas a las que se realizan los recocidos.

2.2. Normalizado

El normalizado es otro tratamiento térmico crucial en soldadura, distinto del recocido, con propósitos y resultados diferentes. Esto conduce a una microestructura uniforme de los granos exenta de defectos de alteración significativa.

A continuación, puedes ver sus aspectos clave:

➲ **Propósito del normalizado en soldadura:**

   ◑ **Refinar la microestructura:** la soldadura puede generar estructuras de grano grueso, lo que reduce la tenacidad y la resistencia del metal. El normalizado refina estos granos, mejorando las propiedades mecánicas.
   ◑ **Homogeneizar la estructura:** corrige las variaciones en la microestructura que pueden surgir durante la soldadura, asegurando propiedades uniformes en toda la pieza.
   ◑ **Aliviar tensiones:** aunque en menor medida que el recocido, el normalizado también reduce las tensiones residuales inducidas por la soldadura.
   ◑ **Preparar para otros tratamientos:** frecuentemente se emplea como un tratamiento previo al temple o revenido.

➲ **Proceso del normalizado:**

   ◑ **Calentamiento:** el metal se calienta a una temperatura superior a su temperatura crítica superior, similar al recocido completo.
   ◑ **Austenización:** se mantiene a esta temperatura para lograr una transformación completa a austenita.
   ◑ **Enfriamiento al aire:** la diferencia clave con el recocido es que el enfriamiento se realiza al aire, no en el horno. Esto resulta en una velocidad de enfriamiento más rápida.

➲ **Resultados del normalizado:**

   ◑ **Mayor resistencia y dureza:** debido al enfriamiento más rápido, el normalizado produce una microestructura más fina y dura que el recocido.
   ◑ **Menor ductilidad:** en comparación con el recocido, el normalizado resulta en una menor ductilidad.
   ◑ **Estructura uniforme:** la microestructura se vuelve más homogénea en toda la pieza.

➲ **Aplicaciones en soldadura:**

   ◑ Piezas soldadas que requieren alta resistencia y tenacidad.
   ◑ Estructuras soldadas que estarán sometidas a cargas dinámicas o impactos.
   ◑ Soldaduras en aceros de medio y alto carbono.

○ **Diferencias clave entre normalizado y recocido:**

  ◔ **Velocidad de enfriamiento:** el normalizado enfría al aire, el recocido en el horno.
  ◔ **Microestructura resultante:** el normalizado produce una microestructura más fina y dura, y el recocido una más gruesa y dúctil.
  ◔ **Propiedades mecánicas:** el normalizado aumenta la resistencia y dureza, y el recocido aumenta la ductilidad.

 VÍDEO

En el siguiente enlace puedes encontrar un vídeo que te ayudará a ver gráficamente las diferencias entre estos tipos de tratamientos (recocido, normalizado, temple y revenido).

https://redirectoronline.com/uf30030101

2.3. Temple

El proceso de temple endurece los materiales incrementando su dureza y resistencia mecánica. El acero es sometido a una temperatura superior a la crítica y, luego, enfriado rápidamente en agua, aceite o soluciones salinas para atrapar una fase martensítica endurecida.

 **DEFINICIÓN**

Martensita
Es una fase del acero que se forma a partir de la austenita mediante un enfriamiento rápido, resultando en una estructura cristalina tetragonal distorsionada.

Es un proceso fundamental en la metalurgia, especialmente en aplicaciones donde se requiere alta resistencia al desgaste y a la deformación.

Los raíles de las vías son el ejemplo de temple por excelencia.

A continuación, puedes ver una descripción detallada de este proceso:

➲ El propósito del temple sería:

  ۝ **Aumentar la dureza:** el objetivo principal del temple es transformar la microestructura del acero para aumentar su dureza.
  ۝ **Incrementar la resistencia:** al aumentar la dureza, también se incrementa la resistencia a la tracción y al desgaste del material.

➲ El proceso del temple que se aconseja seguir sería:

  ۝ **Calentamiento:** el acero se calienta a una temperatura por encima de su temperatura crítica superior, similar al normalizado y al recocido completo.
  ۝ **Austenización:** se mantiene a esta temperatura para lograr una transformación completa a austenita.
  ۝ **Enfriamiento rápido (templado):** la característica distintiva del temple es el enfriamiento rápido del acero. Este enfriamiento se realiza en un medio como agua, aceite o aire, dependiendo del tipo de acero y de la dureza deseada.

➲ Los resultados del temple que se buscan serían:

  ۝ **Alta dureza:** el temple produce una microestructura martensítica, que es extremadamente dura.

◊ **Mayor resistencia:** la dureza aumentada se traduce en una mayor resistencia a la deformación y al desgaste.

◊ **Fragilidad:** la martensita es muy dura, pero también es frágil. Por lo tanto, el temple suele ir seguido de un revenido para reducir la fragilidad y mejorar la tenacidad.

⮑ Sus aplicaciones en soldadura serían:

◊ Debemos recordar que el temple raramente se aplica directamente sobre la soldadura, debido a que este tratamiento produce fragilidad.

◊ **Preparación de materiales:** el temple se utiliza para endurecer los materiales base antes de la soldadura, en aplicaciones donde se requiere alta resistencia al desgaste.

◊ **Tratamiento posterior (con revenido):** en algunos casos, después de la soldadura, se puede aplicar un temple seguido de un revenido para restaurar o mejorar las propiedades mecánicas de la unión soldada.

◊ **Herramientas de corte:** el temple es esencial en la fabricación de herramientas de corte, como brocas y cuchillas, que requieren alta dureza y resistencia al desgaste.

Las consideraciones importantes a tener en cuenta son las siguientes:

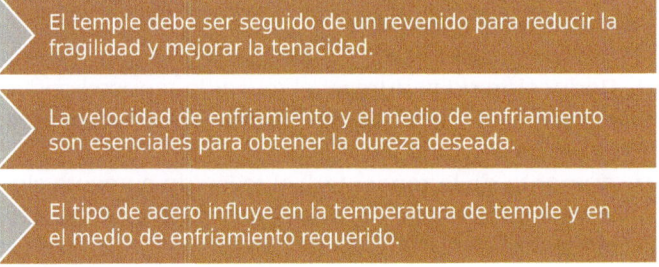

El temple debe ser seguido de un revenido para reducir la fragilidad y mejorar la tenacidad.

La velocidad de enfriamiento y el medio de enfriamiento son esenciales para obtener la dureza deseada.

El tipo de acero influye en la temperatura de temple y en el medio de enfriamiento requerido.

2.4. Revenido

El revenido es un tratamiento térmico esencial que se realiza después del temple para mejorar las propiedades mecánicas del acero, especialmente su tenacidad. A continuación, se describen sus aspectos clave:

⮑ **Propósito del revenido:**

◊ **Reducir la fragilidad:** el temple, aunque aumenta la dureza, también hace que el acero sea muy frágil. El revenido reduce esta fragilidad, haciendo que el material sea más resistente a los impactos y a la fractura.

- **Aumentar la tenacidad:** la tenacidad es la capacidad de un material para absorber energía antes de fracturarse. El revenido aumenta la tenacidad del acero templado, mejorando su resistencia a la fatiga y a la propagación de grietas.
- **Aliviar tensiones internas:** el temple introduce tensiones internas en el acero. El revenido ayuda a aliviar estas tensiones, reduciendo el riesgo de deformaciones y fisuras.
- **Ajustar la dureza:** el revenido permite ajustar la dureza del acero templado a un nivel específico, según las necesidades de la aplicación.

Proceso del revenido:

- **Calentamiento:** el acero templado se calienta a una temperatura inferior a su temperatura crítica inferior (850 °C/950 °C). La temperatura de revenido varía según el tipo de acero y las propiedades mecánicas deseadas.
- **Mantenimiento:** se mantiene a esta temperatura durante un tiempo determinado, para permitir que la microestructura del acero se transforme.
- **Enfriamiento:** se realiza generalmente al aire, aunque en algunos casos se puede utilizar aceite o agua.

Resultados del revenido:

- **Reducción de la dureza:** el revenido reduce ligeramente la dureza del acero templado. La cantidad de reducción depende de la temperatura de revenido.
- **Aumento de la tenacidad:** el revenido aumenta significativamente la tenacidad del acero, mejorando su resistencia a los impactos y a la fractura.
- **Alivio de tensiones:** el revenido reduce las tensiones internas, mejorando la estabilidad dimensional del acero.

Aplicaciones en soldadura:

- **Tratamiento posterior al temple:** el revenido es esencial después del temple de aceros soldados, para reducir la fragilidad y mejorar la tenacidad de la unión soldada.
- **Mejora de las propiedades mecánicas:** en soldaduras que requieren alta resistencia y tenacidad, el revenido se utiliza para ajustar las propiedades mecánicas de la unión.

◊ Reducción de tensiones: en estructuras soldadas grandes, el revenido se utiliza para aliviar las tensiones residuales y prevenir deformaciones.

 VÍDEO

En el siguiente enlace encontrarás un vídeo que te ayudará gráficamente a ver las diferencias entre estos tipos de tratamientos.

https://redirectoronline.com/uf30030102

Las consideraciones importantes que se deben tener en cuenta son:

➲ La temperatura de revenido es esencial para obtener las propiedades mecánicas deseadas.
➲ El revenido siempre se realiza después del temple.
➲ El tipo de acero influye en la temperatura y el tiempo de revenido.

 ACTIVIDAD COMPLEMENTARIA

1. Busca en internet en qué grados se encuentra la zona eutéctica del hierro-carbono.

2.5. Tratamiento de solución y envejecimiento

El tratamiento de solución y envejecimiento es un proceso de endurecimiento por precipitación que se utiliza principalmente en aleaciones no ferrosas, como el aluminio, el magnesio y algunas aleaciones de níquel. Este tratamiento se divide en dos etapas principales:

- **Tratamiento de solución:**
  - Propósito:
    - Disolver los elementos de aleación en la matriz del metal para formar una solución sólida homogénea.
    - Eliminar las fases precipitadas existentes.
  - Proceso:
    - La aleación se calienta a una temperatura específica, por encima de la línea de solvus, y se mantiene a esa temperatura durante un tiempo determinado.
    - El enfriamiento rápido (templado) se realiza para mantener los elementos de aleación en solución sólida.
- **Tratamiento de envejecimiento:**
  - Propósito:
    - Permitir la precipitación controlada de partículas finas y dispersas de los elementos de aleación, lo que aumenta la resistencia y la dureza de la aleación.
  - Proceso:
    - La aleación templada se calienta a una temperatura más baja que la del tratamiento de solución y se mantiene a esa temperatura durante un tiempo determinado.
    - Durante este tiempo, los elementos de aleación precipitan en forma de partículas finas y dispersas.

NOTA

En un diagrama de fases, la línea de solvus es una línea que representa el límite de solubilidad de una fase sólida a otra en función de la temperatura, es decir, indica la temperatura a la que una solución sólida se vuelve inestable y se separa en dos fases sólidas diferentes.

Existen dos tipos de envejecimiento:

- **Envejecimiento natural:** la precipitación ocurre a temperatura ambiente.
- **Envejecimiento artificial:** la precipitación se acelera mediante el calentamiento a una temperatura elevada.

Los resultados del tratamiento de solución y envejecimiento son los siguientes:

Aumento de la resistencia y la dureza
- La precipitación de partículas finas y dispersas obstaculiza el movimiento de las dislocaciones, lo que aumenta la resistencia y la dureza de la aleación.

Mejora de las propiedades mecánicas
- El tratamiento de solución y envejecimiento puede mejorar otras propiedades mecánicas, como la resistencia a la fatiga y la tenacidad.

Las aplicaciones en soldadura serían las siguientes:

- El tratamiento de solución y envejecimiento se utiliza en aleaciones soldables de aluminio y otras aleaciones no ferrosas para restaurar o mejorar las propiedades mecánicas de la unión soldada.
- Es importante tener en cuenta que el calor de la soldadura puede afectar la microestructura de la aleación, por lo que a menudo se requiere un tratamiento térmico posterior a la soldadura.

Las consideraciones importantes a tener en cuenta son:

- La temperatura y el tiempo de tratamiento son vitales para obtener las propiedades mecánicas deseadas.
- El tipo de aleación influye en los parámetros del tratamiento de solución y envejecimiento.
- Este tratamiento es muy utilizado en la industria aeronáutica y en la fabricación de piezas de automóviles.

 **VÍDEO**

En el siguiente enlace puedes visualizar un vídeo introductorio de los metales, que te servirá de ayuda para asimilar lo que hasta ahora se ha visto en el contenido.

https://redirectoronline.com/uf30030103

2.6. Nitruración y carbonitruración

La nitruración y la carbonitruración son tratamientos termoquímicos que se utilizan para endurecer la superficie de los aceros, mejorando su resistencia al desgaste, a la fatiga y a la corrosión. Aunque comparten similitudes, existen diferencias clave entre ambos procesos.

Nitruración

Su propósito en la soldadura sería:

● Incrementar la dureza superficial del acero mediante la difusión de nitrógeno.
● Mejorar la resistencia al desgaste, a la fatiga y a la corrosión.

El proceso que se aconseja seguir secuencialmente sería:

● El acero se calienta en una atmósfera rica en nitrógeno, como amoníaco gaseoso o sales de nitruro.
● El nitrógeno se difunde en la superficie del acero, formando nitruros duros.
● El proceso se realiza a temperaturas relativamente bajas, lo que minimiza las deformaciones.

Los resultados que buscamos son:

- Alta dureza superficial
- Excelente resistencia al desgaste y a la fatiga
- Buena resistencia a la corrosión
- Mínima distorsión

Las aplicaciones más comunes con las que se realiza este tipo de técnica serían: engranajes, cigüeñales, herramientas de corte y moldes de inyección.

ACTIVIDAD COMPLEMENTARIA

2. Busca en internet la diferencia entre nitruración y temple.

Carbonitruración

El propósito que buscamos sería:

- Incrementar la dureza superficial del acero mediante la difusión simultánea de carbono y nitrógeno.
- Mejorar la resistencia al desgaste y a la fatiga.

El proceso que se aconseja seguir secuencialmente sería:

- El acero se calienta en una atmósfera que contiene carbono y nitrógeno, como una mezcla de gases de hidrocarburos y amoníaco.
- El carbono y el nitrógeno se difunden en la superficie del acero, formando carburos y nitruros.

Los resultados que buscamos son:

- Alta dureza superficial
- Buena resistencia al desgaste y a la fatiga
- Mayor profundidad de endurecimiento que la nitruración
- Mayor distorsión que la nitruración

Las aplicaciones más comunes con las que se realiza este tipo de técnica serían: piezas de automoción, tornillos, tuercas y engranajes.

Diferencias clave

Las diferencias clave entre la nitruración y la carbonitruración radican en varios aspectos fundamentales:

- **Elementos de difusión:** la nitruración utiliza principalmente nitrógeno, mientras que la carbonitruración utiliza carbono y nitrógeno.
- **Temperaturas:** la carbonitruración se realiza a temperaturas más altas que la nitruración.
- **Profundidad de endurecimiento:** la carbonitruración puede producir una mayor profundidad de endurecimiento que la nitruración.
- **Distorsión:** la carbonitruración tiende a producir más distorsión que la nitruración.

Una vez expuestos todos los tipos de tratamientos, podemos clasificarlos principalmente según los resultados que se obtienen mecánicamente o según el propósito con que se aplican. Antes de continuar, señalamos los tipos más utilizados:

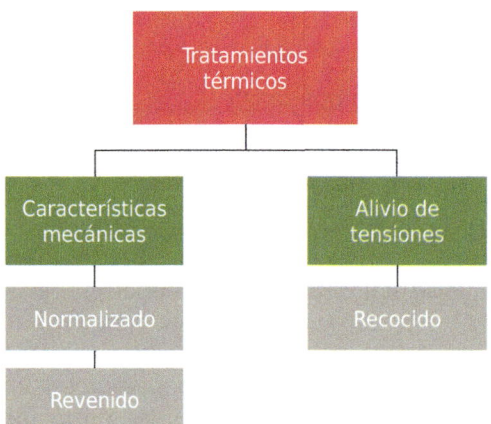

 ACTIVIDAD COMPLEMENTARIA

3. Busca y explica los efectos que se producen en soldadura si se realiza un revenido con el objetivo de mejorar sus características mecánicas.

2.7. Conclusiones sobre la importancia de los tratamientos térmicos

En términos de aplicación, los tratamientos térmicos son prominentes en la industria metalúrgica más amplia, que cubre sectores como construcción naval, automotriz, ferroviario y aeroespacial. La selección correcta de un tipo de tratamiento térmico depende de las condiciones específicas en las que una pieza va a operar, así como las propiedades mecánicas que deben ser tanto conservadas como mejoradas.

Los tratamientos térmicos en soldadura se aplican para modificar la microestructura y las propiedades mecánicas de las uniones soldadas, con el fin de aliviar tensiones residuales, mejorar la tenacidad, aumentar la resistencia al desgaste o restaurar la resistencia a la corrosión, asegurando la integridad y el rendimiento a largo plazo de las estructuras soldadas en diversas industrias.

Es muy importante controlar las temperaturas en la soldadura para su correcta ejecución.

Las conclusiones finales sobre los tratamientos térmicos en soldadura destacan su papel fundamental para garantizar la calidad y durabilidad de las uniones soldadas en diversas aplicaciones industriales. Los puntos clave son:

⊃ Optimización de propiedades y alivio de tensiones:

   ◑ Los tratamientos térmicos permiten modificar la microestructura de los materiales soldados, ajustando sus propiedades mecánicas (resistencia, dureza, tenacidad) a las necesidades específicas de cada aplicación.

◑ Reducen las tensiones residuales generadas durante la soldadura, previniendo deformaciones, fisuras y fallas prematuras, especialmente en estructuras de gran tamaño o sometidas a cargas exigentes.

➲ Mejora de la resistencia al desgaste y a la corrosión:

◑ Tratamientos como la nitruración y la carbonitruración aumentan la dureza superficial y la resistencia al desgaste, mientras que el tratamiento de solución restaura la resistencia a la corrosión en aceros inoxidables.

➲ Versatilidad y adaptabilidad:

◑ Existe una amplia gama de tratamientos térmicos (recocido, normalizado, temple, revenido, etc.) que se pueden seleccionar y adaptar según el tipo de material, el proceso de soldadura y las condiciones de servicio.

➲ Importancia del control:

◑ La precisión en el control de la temperatura, el tiempo y la atmósfera durante los tratamientos térmicos es crucial para obtener resultados óptimos y consistentes.

➲ Integridad y seguridad:

◑ En definitiva, los tratamientos térmicos son cruciales para garantizar la integridad estructural y la seguridad en una amplia gama de aplicaciones industriales, desde la construcción naval y la industria aeroespacial hasta la fabricación de herramientas y componentes automotrices.

2.8. Postcalentamiento al final de la soldadura

El postcalentamiento, o tratamiento térmico postsoldadura (PWHT, por sus siglas en inglés), es un proceso crucial que se realiza después de completar una soldadura. Su objetivo principal es modificar las propiedades del metal soldado y de la zona afectada por el calor (ZAC) para mejorar su rendimiento y durabilidad.

Tratamiento de postcalentamiento

A continuación, se detallan los aspectos más importantes del post-calentamiento:

⮑ **Objetivos principales:**

- ☉ **Alivio de tensiones residuales:** la soldadura introduce tensiones internas en el material debido al calentamiento y enfriamiento des-iguales. El postcalentamiento reduce estas tensiones, minimizando el riesgo de deformaciones y fisuras.
- ☉ **Difusión de hidrógeno:** en ciertos aceros, el hidrógeno puede que-dar atrapado en la soldadura, causando fragilidad y fisuración. El postcalentamiento ayuda a difundir el hidrógeno fuera del material.
- ☉ **Mejora de las propiedades mecánicas:** el postcalentamiento puede refinar la microestructura del metal soldado, mejorando su tenaci-dad, ductilidad y resistencia a la fatiga.
- ☉ **Reducción de la dureza:** en algunos casos, se busca reducir la du-reza de la zona soldada, para facilitar el mecanizado posterior, o para mejorar el comportamiento frente a la fractura frágil.

⮑ **Proceso:**

- ☉ El proceso implica calentar la unión soldada a una temperatura espe-cífica, mantenerla a esa temperatura durante un tiempo determinado y luego enfriarla de manera controlada.
- ☉ La temperatura y el tiempo de postcalentamiento varían según el tipo de material, el espesor de la pieza y los requisitos de la aplicación.
- ☉ El enfriamiento controlado es muy importante, para evitar la creación de nuevas tensiones térmicas.

⊃ **Aplicaciones:**

◊ El postcalentamiento es esencial en la soldadura de aceros de alta resistencia, aceros aleados y aceros al carbono gruesos.
◊ Se utiliza en la fabricación de recipientes a presión, tuberías, estructuras de puentes, equipos para la industria petroquímica y otras aplicaciones críticas.

 TAREA 1

Después de realizar un trabajo de soldadura, debemos realizar un tratamiento de difusión de hidrógeno con postcalentamiento en soldadura para facilitar su liberación.

Determina qué método y/o mecanismo se podría utilizar para facilitar la liberación de hidrógeno después de soldar para prevenir agrietamiento. Se puede complementar con las consideraciones o beneficios que se buscan.

2.9. Precalentamiento al inicio de la soldadura

El precalentamiento al inicio de la soldadura es un proceso crucial que implica calentar el metal base antes de comenzar a soldar. A pesar de que esta unidad de aprendizaje nos sirve para aprender sobre cómo actuar al finalizar los trabajos de soldadura, es muy importante recordar el trabajo previo, que es el precalentamiento. Veamos por qué es importante y algunos aspectos clave.

Los objetivos que se persiguen en el precalentamiento son:

⊃ Reducir el riesgo de fisuras:

◊ El precalentamiento ayuda a disminuir el gradiente de temperatura entre la soldadura y el metal base, lo que reduce las tensiones térmicas y, por lo tanto, el riesgo de fisuras.
◊ Esto es especialmente importante en aceros de alta resistencia y en condiciones de baja temperatura.

⮕ Mejorar las propiedades mecánicas:

  ◑ Al reducir la velocidad de enfriamiento, el precalentamiento puede mejorar la tenacidad y la ductilidad de la soldadura.
  ◑ Esto es importante para evitar fracturas frágiles.

⮕ Controlar la humedad:

  ◑ El precalentamiento ayuda a eliminar la humedad de la superficie del metal, lo que puede causar porosidad y otros defectos en la soldadura.

⮕ Facilitar la soldadura:

  ◑ En algunos materiales, el precalentamiento ayuda a mejorar la fluidez del metal de soldadura, facilitando la formación de una unión adecuada.

Pensemos ahora en los factores que influyen en el precalentamiento:

⮕ Tipo de material:

  ◑ Los aceros de alta resistencia y los aceros aleados generalmente requieren un precalentamiento más alto que los aceros al carbono.

⮕ Espesor del material:

  ◑ A mayor espesor, mayor será la necesidad de precalentamiento.

⮕ Temperatura ambiente:

  ◑ En condiciones de baja temperatura, se requiere un precalentamiento más alto.

⮕ Proceso de soldadura:

  ◑ Algunos procesos de soldadura generan más calor que otros, lo que puede influir en la necesidad de precalentamiento.

Continúa en página siguiente >>

<< Viene de página anterior

 ## ACTIVIDAD COMPLEMENTARIA

4. En el siguiente enlace encontrarás información sobre criterios y técnicas actuales provenientes de empresas del sector.

https://redirectoronline.com/uf30030104

¿Qué debemos tener en cuenta a la hora de realizar un tratamiento térmico?

2.10. Control de temperaturas entre pasadas

El control de temperaturas entre pasadas de soldadura es un aspecto esencial para asegurar la calidad y la integridad de las uniones soldadas, especialmente en soldaduras de múltiples pasadas.

A pesar de que estemos hablando del postsoldeo, no sería justo olvidar los aspectos clave del precalentamiento o del mantenimiento de la temperatura entre pasadas. En ocasiones, solo hablamos del precalentamiento y dejamos olvidado este paso.

Para ello, a continuación, se expone un ejemplo de este detalle clave para el éxito del trabajo.

 ## EJEMPLO

En el taller de Manuel se va a trabajar con chapas de acero al carbono de 40 mm de grosor. Las normativas de acondicionamiento del lugar de trabajo indican que se debe evitar bajar de los 15 °C de temperatura en el taller, pero durante

Continúa en página siguiente >>

<< Viene de página anterior

la Filomena (efecto del clima extremo sufrido en Madrid en el año 2021) fue imposible mantenerlo.

Todas las empresas tuvieron que utilizar métodos de control de temperatura, tanto previos como intermedios, para poder soldar y evitar defectos. Esto llevó a los controles de calidad a vigilar los trabajos de forma extraordinaria para poder asegurar así la calidad de sus trabajos. La tarea fue intensa, pero, al final, consiguieron sus objetivos.

Veamos cómo se procedió.

- Se realizó un precalentamiento preliminar:

    · Cuando la temperatura ambiente o parcial es inferior a +15 °C y/o hay presencia de humedad, se realizará sistemáticamente un precalentamiento preliminar a 60 °C +/- 10 °C mínimo.

- Vigilancia de temperatura entre pasadas:

    · La temperatura entre pasadas será de ≤250 °C.
    · La temperatura entre pasadas se medirá durante la operación de soldadura.
    · No se permite soldar más si la temperatura entre pasadas está fuera de las tolerancias especificadas.
    · La operación de soldadura solo se puede comenzar si la temperatura de precalentamiento está dentro de las tolerancias especificadas.

Medidas en milímetros

a) Unión a tope　　　　　　　　　　　　b) Unión en ángulo

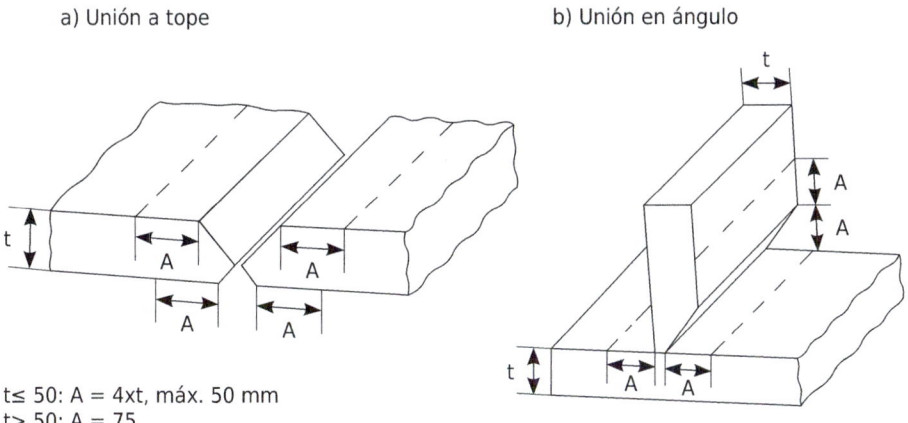

t≤ 50: A = 4xt, máx. 50 mm
t> 50: A = 75

La información sobre la medición de temperaturas se realizará de acuerdo con: ISO 13916. "A" es la distancia donde se debe realizar la medición.

Cuando se realiza un control de temperaturas, hay que asegurarse de su correcto funcionamiento. Para eso, existen dos documentos clave que ayudan a definir y comprobar cómo se debe realizar:

⊃ **WPQR (registro de cualificación del procedimiento de soldadura, de sus siglas en inglés *welding procedure qualification record*).** Es el documento que recoge todos los ensayos y documentos que confirman que el procedimiento de soldadura cumple con los requisitos de calidad y seguridad.
⊃ **WPS (especificación del procedimiento de soldadura, de sus siglas en inglés *welding procedure specificaction*).** Nos indica las temperaturas, junto a otros parámetros, que se deben tener en cuenta a la hora de realizar una soldadura.

 **APLICACIÓN PRÁCTICA**

A Manuel, después de realizar el tratamiento y un control térmico del proceso de la soldadura, le han pedido que detalle cuáles fueron los puntos clave y cómo procedió.

¿Cómo crees que procedió?

Solución (Posible solución)

Precalentamiento:

• El precalentamiento que se realizó del material base antes de la soldadura ayudó a mantener una temperatura inicial adecuada.

Control del tiempo entre pasadas:

• Limitó el tiempo entre pasadas, lo que permitió mantener el calor residual.

Continúa en página siguiente >>

<< Viene de página anterior

Calentamiento intermedio:

- En algunos casos, se pudo aplicar calor entre pasadas para mantener la temperatura dentro del rango deseado.

Medición de la temperatura:

- Se utilizaron termómetros, pirómetros o tizas termocrómicas para medir la temperatura entre pasadas.

Las recomendaciones generales fueron:

- Consultar las especificaciones del procedimiento de soldadura (WPS) para conocer los rangos de temperatura recomendados entre pasadas.
- Utilizar equipos de medición de temperatura calibrados.
- Capacitar a los soldadores en la importancia del control de temperatura entre pasadas.

El control efectivo de la temperatura entre pasadas es una práctica esencial para lograr soldaduras de alta calidad y evitar problemas posteriores. Manuel era consciente de ello y, para conseguir los resultados esperados, aplicó sus conocimientos y atendió en todo momento a las recomendaciones del equipo de ingeniería.

3. Parámetros a considerar en los tratamientos térmicos

👉 **HILO CONDUCTOR**

Manuel sabe de la importancia de la situación en la que se encuentra. Controlar la temperatura será fundamental, pero, para ello, deberá conocer los límites que requiere esta situación. Hacer un análisis de la composición y espesor del material será un factor a tener en cuenta.

El control preciso de las temperaturas alcanzadas durante los tratamientos térmicos y su impacto en las propiedades finales de un material son esenciales para garantizar la calidad y eficacia de las operaciones postsoldeo, en especial cuando se utilizan electrodos en los procesos de soldadura. Después de haber comprendido cómo controlar la temperatura entre pasadas, como se trató en el apartado anterior, es crucial explorar los factores específicos que determinan cómo deberá llevarse a cabo un tratamiento térmico adecuado.

Un tratamiento térmico puede estar diseñado tanto para modificar las propiedades del metal base y la soldadura como para mejorar la tenacidad, reducir las tensiones residuales, controlar la microestructura y, a menudo, mejorar la resistencia a la corrosión y la resistencia mecánica del material soldado. Para lograr estos objetivos, es imprescindible seleccionar y controlar una serie de parámetros durante el proceso.

3.1. Documentación para el tratamiento realizado

Al realizar tratamientos térmicos, es crucial considerar una serie de parámetros que influyen directamente en el resultado final y las propiedades del material. Estos parámetros pueden variar según el tipo de tratamiento térmico y el material que se esté procesando. A continuación, se detallan los parámetros más importantes:

- ⟳ **Temperatura:**

  - ☯ **Temperatura de calentamiento:** es la temperatura a la que se calienta el material. Varía según el tipo de tratamiento (temple, revenido, recocido, etc.) y el material.
  - ☯ **Temperatura de mantenimiento:** es la temperatura a la que se mantiene el material durante un tiempo determinado. Este tiempo permite que se produzcan los cambios microestructurales deseados.
  - ☯ **Temperatura de enfriamiento:** es la temperatura final a la que se enfría el material. La velocidad de enfriamiento es crucial y depende del medio de enfriamiento (agua, aceite, aire, etc.).

- ⟳ **Tiempo:**

  - ☯ **Tiempo de calentamiento:** es el tiempo necesario para que el material alcance la temperatura de calentamiento deseada.
  - ☯ **Tiempo de mantenimiento:** es el tiempo que el material se mantiene a la temperatura de mantenimiento.

◐ **Tiempo de enfriamiento:** es el tiempo que tarda el material en enfriarse hasta la temperatura final.

➲ **Velocidad de calentamiento y enfriamiento:**

◐ **Velocidad de calentamiento:** es la velocidad a la que se incrementa la temperatura del material. Una velocidad excesiva puede causar deformaciones o fisuras.

◐ **Velocidad de enfriamiento:** es la velocidad a la que se reduce la temperatura del material. Esta velocidad es esencial para determinar la microestructura final y las propiedades del material.

➲ **Medio de enfriamiento:** es el medio utilizado para enfriar el material (agua, aceite, aire, sales, etc.); afecta directamente a la velocidad de enfriamiento y, por lo tanto, a las propiedades del material.

➲ **Atmósfera:** es la atmósfera en la que se realiza el tratamiento térmico; puede influir en la oxidación, descarburación o carburación del material. Se pueden utilizar atmósferas controladas para evitar estos efectos.

➲ **Composición del material:** es la composición química del material (aleación); es un factor determinante en la selección de los parámetros de tratamiento térmico.

➲ **Dimensiones y geometría de la pieza:** las dimensiones y la geometría de la pieza afectan a la velocidad de calentamiento y enfriamiento, así como a la uniformidad del tratamiento.

➲ **Pretratamientos y postratamientos:** los tratamientos previos y posteriores al tratamiento térmico principal también deben considerarse, ya que pueden influir en el resultado final.

Es necesario realizar un control de la velocidad de enfriamiento en el metal para evitar cambios en su estructura cristalina.

Las consideraciones adicionales a tener en cuenta son las siguientes:

Uniformidad de la temperatura
- Es fundamental asegurar una distribución uniforme de la temperatura en toda la pieza para obtener resultados homogéneos.

Control de la distorsión
- En algunos casos, se pueden utilizar técnicas especiales para minimizar la distorsión durante el tratamiento térmico.

Normativas y especificaciones
- Es importante seguir las normativas y especificaciones aplicables para cada tipo de tratamiento térmico y material, ISO 13916.

NOTA

Al considerar todos estos parámetros, se puede asegurar que el tratamiento térmico se realice de manera óptima, obteniendo las propiedades deseadas en el material.

ACTIVIDAD COMPLEMENTARIA

6. ¿Qué documentos deberemos utilizar a la hora de realizar tratamientos térmicos?

3.2. Tipo de material

No se permite añadir o eliminar un tratamiento térmico posterior al soldeo que no esté indicado en las WPS. Normalmente nos fijaremos en los resultados de los ensayos mecánicos de cada material para poder para saber cuál aplicar llegado el momento.

Importancia del CEV (carbono equivalente) en la elección de la temperatura

Se requiere un procedimiento de cualificación separado para cada una de las combinaciones que vamos a poner de ejemplo. Para materiales de los grupos según ISO/TR 15608, aplican las condiciones de PWHT, fijándonos en su temperatura de transformación (por ejemplo, relajación de tensiones), cuando están por encima de la máxima temperatura de transformación (por ejemplo, normalizado), o por encima de la temperatura de transformación seguido de un tratamiento térmico por debajo de la menor temperatura de transformación (por ejemplo, normalizado o temple seguido de revenido).

Se debe recordar que el rango de tolerancia en la temperatura de mantenimiento utilizada en la prueba del procedimiento de soldeo es de ±20 °C, salvo decisión del control de calidad. Cuando se requiera, las velocidades de calentamiento y de enfriamiento, así como el tiempo de mantenimiento, se deberán determinar en función del componente fabricado.

La clasificación de los materiales es numérica, y la combinación de las piezas a unir nos dirá el rango al que pertenecen:

Tabla según ISO/TR 15608										
Cupón de ensayo del material A	Cupón de ensayo del material B									
	1	2	3	4	5	6	7	8	9	10	11
1	1-1	-	-	-	-	-	-	-	-	-	-
2	1-1 2-1	1-1 2-1 2-2	-	-	-	-	-	-	-	-	-
3	1-1 2-1 3-1	1-1 2-1 2-2 3-1 3-2	1-1 2-1 2-2 3-1 3-2 3-3	-	-	-	-	-	-	-	-
4	4-1	4-1 4-2	4-1 4-2 4-3	4-1 4-2 4-3 4-4	-	-	-	-	-	-	-
5	5-1	5-2	5-3	5-4	5-1 5-2 5-5	-	-	-	-	-	-

Continúa en página siguiente >>

<< Viene de página anterior

Tabla según ISO/TR 15608											
Cupón de ensayo del material A	**Cupón de ensayo del material B**										
	1	2	3	4	5	6	7	8	9	10	11
6	6-1	6-1 6-2	6-1 6-2 6-3	6-1 6-2 6-3 6-4	6-1 6-2 6-3 6-4 6-5	6-1 6-2 6-3 6-4 6-5 6-6	-	-	-	-	-
7	7-1	7-1 7-2	7-1 7-2 7-3	7-4	7-5	7-5 7-6	7-7	-	-	-	-
8	8-1	8-1 8-2	8-1 8-2 8-3	8-4	8-1 8-2 8-4 8-5 8-6	8-1 8-2 8-4 8-5 8-6	8-7	8-8	-	-	-
9	9-1	9-1 9-2	9-1 9-2 9-3	9-4	9-5	9-6	9-7	9-8	9-9	-	-

Para esto es necesario saber cómo actúa el **cálculo del carbono** equivalente para el tratamiento postsoldeo.

DEFINICIÓN

Cálculo del carbono equivalente (CEV)

Es una herramienta fundamental en la soldadura, especialmente al determinar la necesidad y los parámetros de los tratamientos térmicos postsoldadura (PWHT). Su función principal es predecir la templabilidad del acero, lo que, a su vez, influye en su susceptibilidad a la fisuración por hidrógeno y otras imperfecciones.

Existen varias fórmulas para calcular el carbono equivalente, y una de las más comunes es la fórmula del IIW (Instituto Internacional de Soldadura):

$$CE = C + (Mn / 6) + ((Cr + Mo + V) / 5) + ((Ni + Cu) / 15)$$

Aquí se explica cómo actúa el cálculo del carbono equivalente en relación con el tratamiento postsoldeo:

⮕ **Determinación de la templabilidad:**

- ⟲ El CE proporciona una medida de cómo los elementos de aleación, además del carbono, afectan la dureza y la microestructura del acero.
- ⟲ Un CE más alto indica una mayor templabilidad, lo que significa que el acero tiene una mayor tendencia a formar martensita dura y frágil durante el enfriamiento después de la soldadura.

⮕ **Predicción de la necesidad de PWHT:**

- ⟲ Los aceros con un CE más alto son más propensos a la fisuración por hidrógeno, especialmente en soldaduras de espesor grueso o en condiciones de alta restricción.
- ⟲ El cálculo del CE ayuda a determinar si es necesario aplicar un PWHT para reducir la dureza, aliviar las tensiones residuales y difundir el hidrógeno atrapado.
- ⟲ En general, los aceros con un CE más alto requerirán PWHT más rigurosos.

⮕ **Selección de parámetros de PWHT:**

- ⟲ El CE también influye en la selección de los parámetros del PWHT, como la temperatura de tratamiento y el tiempo de mantenimiento.
- ⟲ Los aceros con un CE más alto pueden requerir temperaturas de PWHT más altas o tiempos de mantenimiento más prolongados para lograr el alivio de tensiones y la difusión de hidrógeno deseados.

⮕ **Prevención de fisuración por hidrógeno:**

- ⟲ La fisuración por hidrógeno es un problema grave en la soldadura de aceros de alta resistencia.
- ⟲ El cálculo del CE, junto con otras consideraciones, como el contenido de hidrógeno en el metal de soldadura y las condiciones de servicio, ayuda a evaluar el riesgo de fisuración por hidrógeno y a implementar medidas preventivas, como el PWHT.

APLICACIÓN PRÁCTICA

Manuel tiene que realizar un trabajo con un material de S235JR y necesita saber qué temperatura aplicar. Para ello, averigua cuál es su CEV, basándose en la composición química máxima del S235JR:

- **C: ≤0,17 %**
- **Mn: ≤1,40 %**
- **Cr: no especificado (se asume un valor bajo, cercano a 0, para aceros al carbono no aleados)**
- **Mo: no especificado (se asume un valor bajo, cercano a 0)**
- **V: no especificado (se asume un valor bajo, cercano a 0)**
- **Ni: no especificado (se asume un valor bajo, cercano a 0)**
- **Cu: ≤0,55 %**

Solución

Se sustituyen los valores máximos en la fórmula del IIW:

CE ≤0,17 + (1,40 / 6) + ((0 + 0 + 0) / 5) + ((0 + 0,55) / 15)
CE ≤0,17 + 0,233 + 0 + 0,037 = **CEV ≤0,44**

Cálculo del aporte de calor según ISO/TR 18491: 2015 o EN 1011-1

Cuando se realiza una **calificación WPS/PQR** de acuerdo con las normas ISO/BS/EN o DIN, como DIN EN ISO 15614-1, la entrada de calor se determinará mediante la siguiente fórmula:

$$HEAT\ INPUT\ (KJ/inch\ or\ KJ/mm) = K \cdot \frac{U \cdot I}{V \cdot 1.000}\ inJ/mm$$

Donde:

- ⮕ k es la eficiencia térmica para el proceso de soldadura que se muestra en la siguiente tabla.

- U es la tensión del arco que se mide lo más cerca posible del arco, en voltios.
- I es la corriente de soldadura, en amperios.
- V es la velocidad de desplazamiento en mm/s.

Process N.º	Welding Process	k
12	Submerged arc welding	1.0
111	Manual metal-arc welding	0.8
131	MIG welding	0.8
135	MAG welding	0.8
114	Self-shielded tubular -cored arc welding	0.8
136	Tubular-cored wire metal-arc welding with active gas shield	0.8
137	Tubular-cored wire metal-arc welding with inert gas shield	0.8
141	TIG welding	0.6
15	Plasma arc welding	0.6

NOTA

Los números de procesos de la tabla vienen indicados en la ISO 4063.

Fórmula y cálculo de entrada de calor en ASME sección IX y AWS D1.1

La entrada de calor se considera una **variable esencial complementaria en la sección IX de BPVC ASME.** Por lo tanto, para un WPS que requiera **pruebas/tenacidad CVN,** el aumento en la entrada de calor se considerará la variable esencial. La cláusula QW 409.1 es aplicable a los procesos **SMAW, GTAW, GMAW (MIG-MAG), SAW, FCAW, PAW y EGW** y estará determinada por:

$$HEAT\ INPUT\ (J/inch\ or\ J/mm) = \frac{Voltage \cdot amperge \cdot 60}{Travel\ Speed}$$

Donde la velocidad de desplazamiento está en pulgadas/minuto o mm/min, usando un factor de dividendo de 1.000, el valor de entrada de calor obtenido estará en kJ/pulgada o kJ/mm, como se muestra a continuación:

$$\text{HEAT INPUT (J/inch or J/mm)} = \frac{\text{Voltage} \cdot \text{amperge} \cdot 60}{\text{Travel Speed} \cdot 1.000}$$

AWS D1.1 2020 *edition,* cláusula 6.8.5, usa la misma ecuación que ASME sección IX. Para los procesos de soldadura controlados por forma de onda, la entrada de calor se determinará mediante:

$$\text{HEAT INPUT (J/inch or J/mm)} = \frac{\text{Voltage} \cdot \text{aTotal Instantaneous Energy (TIE) J}}{\text{Travel Speed} \cdot 1.000 \text{ Eeld length bead} \left(\frac{\text{inch}}{\text{mm}} \right)}$$

 **PARA SABER MÁS**

En el siguiente enlace puedes ver una aplicación de cálculo del *input*.

https://redirectoronline.com/uf30030105

APLICACIÓN PRÁCTICA

Manuel ha llevado a cabo una operación de soldadura, y se le ha instruido específicamente para que el aporte térmico se mantenga dentro de los límites establecidos. La empresa ha proporcionado a Manuel una especificación de procedimiento de soldadura (WPS), que detalla los rangos de parámetros aceptables. Para garantizar el cumplimiento de esta instrucción, será necesario registrar con precisión los siguientes valores durante el proceso de soldadura:

- Amperaje: la intensidad de la corriente eléctrica utilizada
- Voltaje: la diferencia de potencial eléctrico aplicada
- Tiempo de soldadura: la duración total del proceso de soldadura

El registro exacto de estos datos permitirá verificar que el aporte térmico se ha mantenido dentro de los límites prescritos en la WPS, asegurando así la calidad y la integridad de la soldadura.

Calcula la entrada de calor para un cupón de prueba de calificación de procedimiento soldado con un rango de corriente de 140 A a 190 A, 16-18 voltios y una velocidad de desplazamiento de 80 mm/min a 110 mm/min.

Solución

Considerando la situación práctica, en este caso la entrada de calor tendrá dos valores:

1. Entrada de calor mínima
2. Entrada máxima de calor

Para una entrada de calor mínima, tomaremos la corriente y el voltaje en el lado inferior, ya que es un factor de multiplicación, y la velocidad de desplazamiento en el lado superior, ya que la velocidad de desplazamiento es un factor de dividendo. Entonces:

Entrada de calor mínima (J/min) = (140 * 16 * 60) / 110 = 1221,8 J/min o 1,22 kJ/mm

Mientras que el aporte máximo de calor (J/min) = (190 X 18 X 60) / 80 = 2.565 J/min o 2,57 kJ/mm

Aquí, la unidad de velocidad de desplazamiento es pulgadas; la entrada de calor estará en julios/pulgada o kJ/pulgada.

3.3. Espesor

Cuanto mayor es el espesor, más riguroso hay que ser con el tratamiento.

El tamaño de las piezas o el montaje son factores determinantes en las velocidades de calentamiento y enfriamiento durante la soldadura; específicamente, cuando el espesor de las piezas supera los 25 mm, se requiere invariablemente un precalentamiento a 60 °C, lo que a su vez implica que, en muchos casos, será indispensable aplicar un tratamiento térmico posterior a la soldadura para garantizar la integridad y las propiedades mecánicas adecuadas de la unión soldada.

Chapas de 60 mm de espesor

3.4. Temperaturas

Existen varias fórmulas para calcular el CE. Las más comunes son la del Instituto Internacional de Soldadura (IIW) y la de la Sociedad Americana de Soldadura (AWS).

Estas fórmulas consideran la composición química del acero, incluyendo el contenido de carbono, manganeso, cromo, molibdeno, níquel, vanadio y otros elementos de aleación.

SABÍAS QUE...

Los antiguos trabajadores del metal determinaban las cantidades de carbono a través de las chispas. A través de sus formas estrelladas, redondas, alargadas, etc. decidían el tratamiento térmico más adecuado.

Chispas de radial estrelladas

Hasta ahora hemos visto la cantidad de calor aportado en la soldadura *(heat input)* y el reglamento del grosor. Ahora pasamos a realizar el cálculo de la temperatura de inicio y de mantenimiento del material dependiendo de su composición. Para ello, deberemos obtener el carbono equivalente (Creq) o el níquel equivalente (Nieq):

- Para aceros: Creq = % Cr + % Mo + 1,5 % Si + 0,5 % Nb
- Para inoxidables: Nieq = % Ni + 30 % C + 0,5 % Mn

Normalmente hay tablas de precalentamiento según el material a soldar y según si tienen más o menos cantidad de carbono:

- Para aceros bajos: 125 °C ±25 (menos de 0,46 de CEV)
- Para aceros medios: 150 °C ±25 (entre 0,46 y 0,61 de CEV)
- Para materiales de fundido: 170 °C ±25 (mayor de 0,61 de CEV)

Por lo tanto, pensemos e interioricemos la transformación del material:

- La velocidad a la que la soldadura se enfría, específicamente al pasar de 800 a 500 °C, determina la estructura interna final del material soldado.

Para lograr ciertas propiedades, como una alta resistencia a la fractura en aceros estructurales, es crucial controlar este proceso de enfriamiento.

La importancia del control de la temperatura tiene factores esenciales:

⮞ El intervalo de tiempo que la soldadura tarda en descender de 800 a 500 °C es un factor vital que influye en su microestructura. A menudo, se especifican tiempos de enfriamiento óptimos para aceros estructurales, con el fin de asegurar que el producto soldado cumpla con requisitos específicos, como una tenacidad mínima.

El resultado final que se busca debe estar garantizado:

⮞ La microestructura definitiva de una soldadura depende, en gran medida, del tiempo que transcurre mientras se enfría de 800 a 500 °C. Por esta razón, para aceros estructurales se suelen establecer tiempos de enfriamiento recomendados, que buscan garantizar propiedades mecánicas deseadas, tales como una tenacidad adecuada.

4. Procedimientos de aplicación de tratamientos térmicos

👉 HILO CONDUCTOR

Manuel dispone de varias herramientas para controlar las temperaturas necesarias. Hacer un uso correcto es fundamental para poder conseguir la técnica y las características mecánicas que está buscando. Sabe que la precisión es sumamente importante.

El tratamiento térmico incluye una serie de procesos controlados que implican la aplicación de calor para modificar las propiedades físicas —y, en algunos casos, químicas— de un material. Este procedimiento es fundamental en el postsoldeo para mejorar la estructura y las propiedades del metal unido, además de mitigar tensiones generadas durante el proceso de soldadura.

En este apartado, exploraremos a fondo los procedimientos de aplicación de tratamientos térmicos, abordando sus objetivos, consideraciones previas, diferentes técnicas, y su implementación práctica en el contexto puntual de soldaduras realizadas con electrodo.

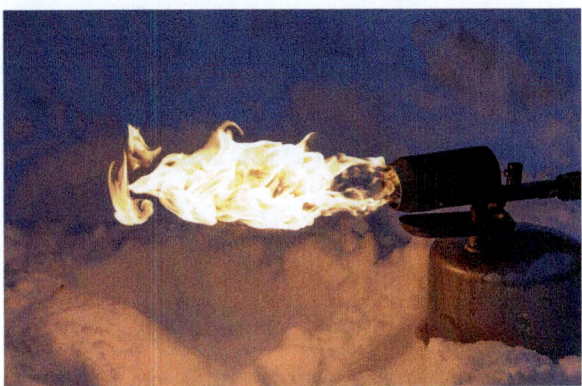

Soplete para aplicar tratamiento

4.1. Recocido

El recocido es un tratamiento térmico aplicado para aliviar tensiones, aumentar la ductilidad y homogenizar la microestructura. Suele implicar calentar el metal a una temperatura específica, mantenerlo por un período determinado y, luego, enfriarlo lentamente.

Su procedimiento es el siguiente:

➲ Calentar el material uniformemente hasta alcanzar la temperatura de recocido, que generalmente oscila entre 500 °C y 700 °C para el acero.
➲ Mantener esta temperatura, tiempo que puede variar desde una hora para piezas finas hasta varias horas para estructuras más gruesas.
➲ Enfriado controlado, usualmente en el horno, para prevenir tensiones térmicas adicionales.

4.2. Templado y revenido

Este proceso mejora la dureza y resistencia del material. El templado involucra un rápido enfriamiento después del calentamiento a temperaturas bastante altas, seguido por un proceso de revenido:

Templado	- Calentar por encima de la temperatura crítica (850 °C–950 °C para aceros al carbono), seguido de un rápido enfriamiento, generalmente en aceite o agua.
Revenido	- Posterior al templado, se calienta el metal a una temperatura inferior (entre 200 °C y 650 °C), seguido de un enfriamiento lento para mejorar la tenacidad.

ACTIVIDAD COMPLEMENTARIA

6. En los tratamientos térmicos, ¿qué enfría más lentamente: el aire, el aceite, el agua o la salmuera? Busca información en internet.

4.3. Normalizado

Es similar al recocido, pero el normalizado requiere enfriamiento en aire. Se utiliza especialmente para mejorar la mecanizabilidad y eliminar tensiones internas acumuladas.

Su procedimiento es el siguiente:

- Calentar el metal hasta su temperatura de normalización adecuada, entre 750 °C y 980 °C.
- Mantenerlo el tiempo necesario para permitir un tratamiento uniforme y dejar enfriar en aire hasta alcanzar la temperatura ambiente.

PARA SABER MÁS

En el siguiente enlace encontrarás estudios sobre estos tratamientos térmicos, que se publican para que los clientes puedan observar los resultados de sus departamentos de I+D.

Continúa en página siguiente >>

<< Viene de página anterior

https://redirectoronline.com/uf30030106

4.4. Alivio de tensiones

Es similar al recocido, pero específicamente dirigido a reducir tensiones residuales sin cambiar significativamente las características mecánicas.

Su procedimiento es el siguiente:

➲ Calentar el material a temperaturas entre 150 °C y 650 °C y mantener la temperatura el tiempo adecuado según las dimensiones del objeto.
➲ Enfriar el material lentamente para evitar las tensiones térmicas adicionales.

4.5. Implementación práctica de tratamientos térmicos postsoldeo

La implementación exitosa de tratamientos térmicos tras la soldadura requiere un enfoque meticuloso y bien planificado:

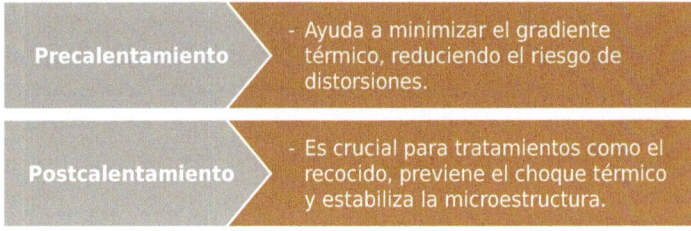

La documentación de todo el proceso debe realizarse detalladamente, de tal modo que hay que registrar temperaturas, tiempos y cualquier anomalía durante los tratamientos:

⊃ Registros de temperatura: uso de pirómetros para asegurar la uniformidad térmica y cronometrar cada una de las fases del tratamiento para asegurar la consistencia.
⊃ Inspecciones visuales y magnéticas para detectar defectos superficiales.
⊃ Ensayos de dureza y tenacidad para evaluar la eficacia del tratamiento.
⊃ Utilización de microscopía para verificar la microestructura conseguida.

 EJEMPLO

En la industria petrolera, por ejemplo, las tuberías sometidas a severas condiciones deben ser tratadas térmicamente para asegurar su resistencia a la corrosión bajo tensión. De manera similar, en el sector aeroespacial, los componentes críticos de aeronaves son tratados térmicamente postsoldeo para garantizar que pueden soportar fatiga y vibración sin fallos.

En resumen, los procedimientos de aplicación de tratamientos térmicos en el contexto del postsoldeo con electrodo son procesos esenciales que permiten mejorar las propiedades mecánicas y estructurales del material. Comprender estos procedimientos y aplicarlos correctamente asegura que las soldaduras no solo cumplan con los estándares de calidad, sino también con los de seguridad requeridos en las diferentes aplicaciones industriales.

 TAREA 2

En procesos industriales que involucran soldadura o tratamiento térmico de materiales, es crucial mantener un control estricto de la temperatura para garantizar la calidad y las propiedades deseadas del producto final. Las variaciones de temperatura pueden afectar la microestructura del material, provocando defectos como grietas, tensiones residuales o cambios en la dureza. Por lo tanto, es esencial registrar y controlar las temperaturas durante todo el proceso, desde la temperatura ambiente inicial hasta el postsoldeo.

Crea un documento de *Word* para el control de temperaturas con tablas que indiquen: tipo de material, temperatura ambiente, temperatura inicial de la pieza, control de temperaturas intermedias, tipo de postsoldeo adecuado.

4.6. Lápiz térmico

Los marcadores, ceras o lápices térmicos son un método rápido y de bajo coste para medir con precisión las temperaturas de la superficie de diversos metales y equipos.

Hay disponibles en el mercado 32 temperaturas Celsius y 88 temperaturas Fahrenheit. Actualmente, también existen con el diseño de soporte al cual se adhiere el marcador; es cómodo y ofrece durabilidad para un uso prolongado en el taller o en el campo.

Debemos entender como características a tener en cuenta de este método lo siguiente:

- Preciso: margen de error ±1 % de temperatura.
- Escala de temperaturas: de 38 °C a 1.204 °C.
- Económico: máximo aprovechamiento de cada cera.
- Instantáneo: se funde instantáneamente cuando la superficie está a mayor temperatura. Se marca la superficie de la pieza a controlar con un trazo similar al de una tiza. Cuando se alcanza la temperatura de control, el trazo se derrite quedando una marca traslúcida y brillante.
- También se puede aplicar tocando con la cera sobre la superficie que se está calentando. Mientras no se derrita la cera, la temperatura es inferior a la de control; cuando se derrite, ha superado la temperatura de control.

Ceras térmicas con distintos colores que diferencian sus rangos de temperatura

Su clasificación, composición nominal, límites de temperatura y código de colores están en la siguiente tabla:

Tipo	Denominación	Material	Temp. máxima	Código de color ANSI MC96.1			Código de color IEC 584		
				Positivo	Negativo	Cubierta	Positivo	Negativo	Cubierta
K	Chromel-Alumel	NiCr-Ni	1.260 ºC	Amarillo	Rojo	Amarillo	Verde	Blanco	Verde
J	Hierro-Constantan	Fe-CuNi	760 ºC	Blanco	Rojo	Negro	Negro	Blanco	Negro
E	Chromel-Constantan	NiCr-CuNi	870 ºC	Violeta	Rojo	Violeta	Violeta	Blanco	Violeta

Tabla sobre el código de las ceras térmicas

La precisión en el control de la temperatura debe cumplir con las normas:

- ANSI/ASME *code* B32.1 y B31.3
- AWS D1.1 y ASME *code sec* 1.111 y V11, NIST

Las principales aplicaciones son las siguientes:

- Soldadura, control de temperatura de unión
- Tratamiento térmico
- Temple a la llama
- Endurecimiento superficial
- Estampación en caliente
- Forjado
- Temperatura de moldes
- Unión de plásticos
- Precalentamiento
- Postcalentamiento
- Cojinetes
- Recocido
- Recauchutado
- Etc.

4.7. Termómetro digital con sensor de contacto

A este sistema se le llama termopar.

Los termopares son sensores de temperatura esenciales en los tratamientos térmicos, ya que permiten un control preciso de la temperatura durante los procesos. Aquí explicamos algunos aspectos clave sobre ellos:

- Un termopar es un sensor de temperatura que consta de dos alambres de metales diferentes unidos en un extremo, conocido como "la unión caliente".
- Cuando la unión caliente se expone a un cambio de temperatura, se genera un voltaje proporcional a esa diferencia de temperatura, conocido como "el efecto Seebeck".
- Este voltaje se mide y se convierte en una lectura de temperatura precisa.

Existen varios tipos de termopares, cada uno con diferentes combinaciones de metales y rangos de temperatura. Algunos de los más comunes son:

- Tipo K (cromel-alumel): ampliamente utilizado debido a su amplio rango de temperatura y bajo coste.

⮑ Tipo J (hierro-constantán): adecuado para aplicaciones en atmósferas reductoras.
⮑ Tipo T (cobre-constantán): ideal para mediciones a bajas temperaturas.
⮑ Tipo S y R (platino-rodio): utilizados en aplicaciones de alta temperatura.

Las aplicaciones en los tratamientos térmicos son:

⮑ Los termopares se utilizan para controlar y monitorear la temperatura en hornos, cámaras de tratamiento térmico y otros equipos utilizados en procesos como:

  ⮑ Temple
  ⮑ Revenido
  ⮑ Recocido
  ⮑ Normalizado

⮑ La precisión de los termopares es crucial para garantizar que las piezas tratadas térmicamente alcancen las propiedades mecánicas y metalúrgicas deseadas.

Las consideraciones más importantes a tener en cuenta son las siguientes:

⮑ **Selección del tipo de termopar:** es fundamental elegir el tipo de termopar adecuado para la aplicación específica, teniendo en cuenta el rango de temperatura, el ambiente y la precisión requerida.
⮑ **Calibración:** los termopares deben calibrarse periódicamente para garantizar la precisión de las mediciones.
⮑ **Instalación:** la correcta instalación de los termopares es esencial para obtener mediciones precisas y evitar errores.

APLICACIÓN PRÁCTICA

Un laboratorio necesita asegurar que un refrigerador que almacena muestras biológicas sensibles se mantenga dentro de un rango de temperatura concreto, por ejemplo, entre -20 °C y -30 °C.

¿Qué tipo de termopar crees que es el mejor o más conveniente?

Continúa en página siguiente >>

<< Viene de página anterior

Solución

El tipo T tiene un excelente rendimiento y precisión en el rango de bajas temperaturas.

4.8. Termómetro digital de infrarrojos

En el ámbito del tratamiento térmico, donde la precisión es esencial para asegurar la calidad y la integridad de las estructuras soldadas, el uso de termómetros digitales de infrarrojos (también llamados pirómetros) ofrece un avance significativo frente a los métodos tradicionales de la medición de temperatura. Después de abordar el funcionamiento de los termómetros digitales con sensores de contacto, nos adentramos en el mundo de la medición sin contacto, una tecnología revolucionaria que responde eficazmente a las exigencias del trabajo en situaciones complicadas donde el contacto directo con el material es inviable o riesgoso.

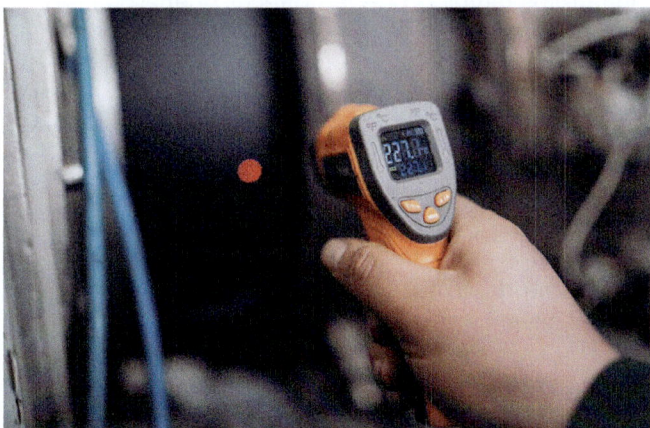

Pirómetro

Los pirómetros son herramientas esenciales para medir la temperatura en tratamientos térmicos del hierro, donde la precisión es crucial.

A continuación, puedes ver los tipos de pirómetros y sus consideraciones para estas aplicaciones:

Pirómetros ópticos:

- Estos pirómetros miden la temperatura basándose en la radiación térmica emitida por el objeto.
- Son ideales para altas temperaturas, como las que se encuentran en hornos de tratamiento térmico.

Pirómetros infrarrojos:

- Estos pirómetros miden la radiación infrarroja emitida por el objeto.
- Son útiles para mediciones sin contacto, lo que permite medir la temperatura de objetos en movimiento o en lugares de difícil acceso.

Las consideraciones para tratamientos térmicos del hierro son las siguientes:

- Los tratamientos térmicos del hierro abarcan un amplio rango de temperaturas, desde el recocido hasta el temple.
- La precisión es crucial para garantizar la calidad del tratamiento térmico.
- Los termopares suelen ser los más precisos, pero los pirómetros ópticos e infrarrojos también pueden ofrecer buena precisión en condiciones adecuadas.
- Tiempo de respuesta:

  - En algunos procesos, es importante medir la temperatura rápidamente.
  - Los pirómetros infrarrojos suelen tener tiempos de respuesta muy rápidos.

- Es muy importante que los pirómetros estén calibrados para poder tener lecturas de temperatura confiables.

Las recomendaciones a seguir son las siguientes:

- Para mediciones precisas en hornos de tratamiento térmico, los termopares son una excelente opción.
- Para mediciones sin contacto y en objetos en movimiento, los pirómetros infrarrojos son ideales.
- Para altas temperaturas, los pirómetros ópticos son muy útiles.

⊙ EJEMPLO

1. Manuel debe realizar los trabajos de control de temperatura. La zona de medición será entre 50 mm y 75 mm de distancia de la soldadura que se vaya a realizar. Debe registrar las temperaturas (debe estar a 60 °C ±10 °C para empezar).

Medición de temperaturas inicial

2. Pasados dos minutos, se tomará la temperatura de cada capa finalizada (no iniciar otra capa si supera los 250 °C).

Medición entre pasadas

Continúa en página siguiente >>

<< Viene de página anterior

3. Para el resultado final, se aconseja realizar al menos 6 mediciones en distintos puntos. Hallaremos la media y el resultado será el que tomaremos como referencia. El promedio debe cumplir con las recomendaciones de la WPS, que fueron mantener la soldadura entre 250 °C ±10 °C.

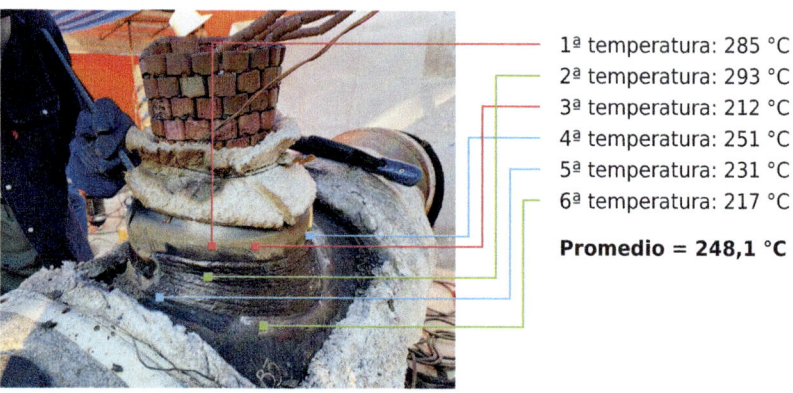

1ª temperatura: 285 °C
2ª temperatura: 293 °C
3ª temperatura: 212 °C
4ª temperatura: 251 °C
5ª temperatura: 231 °C
6ª temperatura: 217 °C

Promedio = 248,1 °C

Resultado final del cordón de soldadura

Manuel debe comprobar que todos los registros recogidos cumplen con las especificaciones señaladas en la WPS.

---

5. Equipos utilizados para los tratamientos térmicos

 HILO CONDUCTOR

Manuel necesita dar temperatura a la pieza finalizada. Sabe que el tamaño puede ser una limitación, pero sus conocimientos le ayudarán a elegir la mejor opción. Cumpliendo con las normas de las PPT (protección personal del trabajador), procederá a realizar la técnica elegida para lograr las temperaturas necesarias.

Los tratamientos térmicos son procesos controlados que alteran la microestructura de los materiales para impartir propiedades físicas y mecánicas deseadas. Para llevar a cabo estos tratamientos de manera efectiva, se requiere una variedad de equipos especializados.

A continuación, se presenta una descripción general de los equipos más comunes utilizados en los tratamientos térmicos.

5.1. Mecheros

Los mecheros, o conjunto de sopletes, son herramientas que generan una llama de alta temperatura y se utilizan en diversos procesos de tratamiento térmico, aunque su aplicación tiene ciertas limitaciones y consideraciones. A continuación, puedes ver su uso y relevancia:

Precalentamiento
- Los mecheros son útiles para precalentar piezas antes de la soldadura o de un tratamiento térmico más completo.

Temple superficial
- En ciertos casos, se pueden utilizar mecheros para realizar temple superficial en aceros. Esto implica calentar rápidamente la superficie de la pieza y luego enfriarla rápidamente.

Recocido localizado
- Los mecheros también pueden utilizarse para realizar recocido localizado, especialmente en pequeñas áreas donde se requiere aliviar tensiones.

Calentamiento para doblado o conformado
- En ocasiones, se calienta el metal con un soplete para poder doblarlo o darle una forma específica.

A continuación, puedes ver los tipos de mecheros y sus características:

➲ Mecheros de gas:

 ❂ Utilizan gases combustibles como el propano, el butano o el acetileno.
 ❂ Los mecheros de acetileno producen llamas de muy alta temperatura y se utilizan para trabajos que requieren mucho calor.

➲ Mecheros de oxicombustible:

    ➲ Combinan un gas combustible con oxígeno para producir una llama aún más caliente.

    ➲ Se utilizan para corte, soldadura y tratamientos térmicos que requieren altas temperaturas.

Soplete o mechero

Las limitaciones y consideraciones son las siguientes:

➲ Control de temperatura:

    ➲ Los mecheros pueden ser difíciles de controlar con precisión, lo que puede afectar la uniformidad del tratamiento térmico.

    ➲ Esto es especialmente importante en tratamientos que requieren temperaturas muy precisas.

➲ Uniformidad del calentamiento:

    ➲ Es difícil lograr un calentamiento uniforme con un mechero, lo que puede resultar en variaciones en las propiedades del material.

➲ Tamaño de la pieza:

    ➲ Los mecheros son más efectivos para piezas grandes, ya que para piezas pequeñas es muy difícil lograr un calentamiento uniforme.

⊙ **CONSEJO**

Los mecheros son más adecuados para tratamientos térmicos localizados o para precalentamiento.

Para tratamientos térmicos que requieren alta precisión y uniformidad, se recomienda utilizar hornos controlados.

Es importante tomar las medidas de seguridad necesarias al utilizar mecheros, como usar equipo de protección personal y trabajar en un área bien ventilada.

5.2. Sopletes

Los sopletes son herramientas versátiles que generan una llama controlada mediante la mezcla de un gas combustible con aire u oxígeno. A continuación, se describen sus características:

- ➲ **Generación de llama:** los sopletes producen una llama intensa y ajustable, lo que permite controlar el calor aplicado.
- ➲ **Portabilidad:** muchos sopletes son portátiles y funcionan con cartuchos de gas, lo que facilita su uso en diferentes ubicaciones.
- ➲ **Versatilidad:** existen diferentes tipos de sopletes diseñados para aplicaciones específicas, desde trabajos ligeros hasta tareas industriales pesadas.

Soplete para tratamiento térmico

Los tipos de soplete son los siguientes:

⊃ Sopletes de gas butano/propano:

  ◡ Son los más comunes para uso doméstico y trabajos ligeros.
  ◡ Se utilizan para soldar tuberías de cobre, encender barbacoas o ca-
    ramelizar postres.

⊃ Sopletes de oxicombustible:

  ◡ Utilizan una mezcla de oxígeno y un gas combustible (como aceti-
    leno o propano) para generar llamas de alta temperatura.
  ◡ Se emplean en soldadura y corte de metales, así como en trabajos
    de forja.

Sus aplicaciones son:

⊃ **Soldadura:** los sopletes son esenciales para soldar materiales de alto
  contenido en carbono, realizar reparaciones y eliminar las humedades.
⊃ **Trabajos de metal:** se utilizan para calentar, cortar, soldar y dar forma a
  metales en talleres de herrería y metalurgia.
⊃ **Otros usos:** también se utilizan en trabajos de conformado.

En cuanto a las consideraciones de seguridad se toman las siguientes:

⊃ Es fundamental utilizar sopletes en áreas bien ventiladas para evitar la
  acumulación de gases combustibles.
⊃ Se debe usar equipo de protección personal (PPT), como guantes, gafas
  de seguridad y pantallas faciales, para prevenir quemaduras y lesiones.
⊃ Los sopletes deben almacenarse de forma segura, lejos de materiales in-
  flamables y fuera del alcance de los operarios que carezcan de formación.

 SABÍAS QUE...

Existen hornos industriales enormes, diseñados para tratar piezas de gran
tamaño, como componentes de turbinas, estructuras de barcos o piezas de la
industria aeroespacial. Estos hornos pueden tener cámaras de calentamiento
de decenas de metros de longitud.

5.3. Hornos

Para llevar a cabo una variedad de tratamientos térmicos, se utilizan diferentes tipos de hornos, cada uno diseñado para aplicaciones específicas y con características particulares:

➲ Hornos de cámara:

    ◍ Son los hornos más comunes y versátiles.
    ◍ Se utilizan para una amplia gama de tratamientos térmicos, como recocido, temple y revenido.
    ◍ Pueden ser eléctricos o de gas.

➲ Hornos de sales:

    ◍ Utilizan baños de sales fundidas como medio de calentamiento.
    ◍ Proporcionan un calentamiento uniforme y rápido.
    ◍ Se utilizan para tratamientos como temple y nitruración.

➲ Hornos de vacío:

    ◍ Operan en un ambiente de vacío para evitar la oxidación y la descarburación.
    ◍ Se utilizan para tratamientos térmicos de alta precisión, especialmente en aceros de alta aleación.

➲ Hornos de inducción:

    ◍ Utilizan inducción electromagnética para calentar rápidamente las piezas.
    ◍ Se utilizan para tratamientos térmicos localizados, como el temple superficial.

Horno para tratamiento térmico de aceros

5.4. Medios de enfriamiento

Para lograr las propiedades deseadas en los materiales durante los tratamientos térmicos, es crucial controlar la velocidad de enfriamiento y, para ello, se utilizan diversos medios:

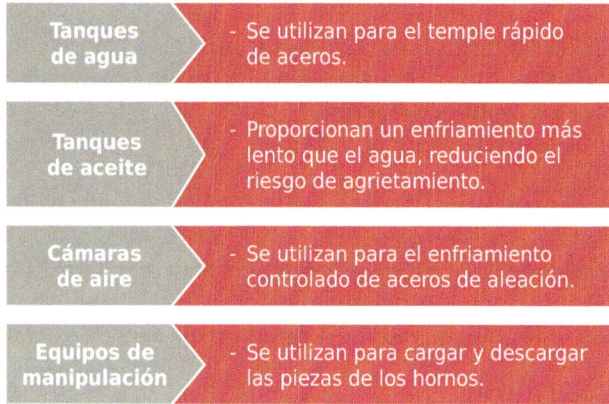

Tanques de agua	- Se utilizan para el temple rápido de aceros.
Tanques de aceite	- Proporcionan un enfriamiento más lento que el agua, reduciendo el riesgo de agrietamiento.
Cámaras de aire	- Se utilizan para el enfriamiento controlado de aceros de aleación.
Equipos de manipulación	- Se utilizan para cargar y descargar las piezas de los hornos.

5.5. Calentador de almohadilla de cerámica flexible

Los calentadores de almohadilla de cerámica flexible son dispositivos de calentamiento versátiles y eficientes que se utilizan en una amplia gama de aplicaciones industriales y comerciales.

A continuación, puedes ver una descripción detallada de sus características, aplicaciones y ventajas:

- **Flexibilidad:** su diseño flexible les permite adaptarse a superficies curvas o irregulares, lo que los hace ideales para calentar tuberías, tanques y otros objetos con formas complejas.
- **Elementos calefactores cerámicos:**
    - Utilizan elementos calefactores cerámicos de alta calidad que proporcionan un calentamiento uniforme y eficiente.
    - La cerámica es un material resistente a altas temperaturas y a la corrosión, lo que garantiza una larga vida útil del calentador.
- **Aislamiento:** están diseñados con materiales aislantes que minimizan la pérdida de calor y aumentan la eficiencia energética.

⮞ **Control de temperatura:** pueden ser controlados con precisión mediante termostatos o controladores de temperatura, lo que permite ajustar el calor según las necesidades específicas.

⮞ **Durabilidad:** están construidos con materiales resistentes y diseñados para soportar condiciones de trabajo exigentes.

Sus aplicaciones son las siguientes:

⮞ **Tratamientos térmicos de soldadura:** se utilizan para precalentar y postcalentar uniones soldadas, lo que ayuda a reducir las tensiones residuales y a mejorar las propiedades mecánicas de la soldadura.

⮞ **Calentamiento de tuberías y tanques:** son ideales para calentar tuberías y tanques en la industria petroquímica, química y de alimentos.

⮞ **Precalentamiento de piezas metálicas:** se utilizan para precalentar piezas metálicas antes de la soldadura, el forjado o el tratamiento térmico.

⮞ **Industria aeroespacial:** utilizados para el tratamiento térmico de partes de aeronaves.

⮞ **Mantenimiento y reparaciones:** se utilizan para una variedad de tareas de mantenimiento y reparación que requieren calentamiento localizado.

NOTA

La versatilidad de los calentadores cerámicos los convierte en una solución óptima para tratamientos térmicos industriales, adaptándose a formas y dimensiones complejas, y permitiendo un control preciso de la temperatura en piezas con diseños exigentes. Su capacidad para configurarse en diversas geometrías y tamaños los hace especialmente valiosos en aplicaciones donde la uniformidad del calor y la precisión son cruciales.

Algunas de sus ventajas son:

⮞ **Calentamiento uniforme:** proporcionan un calentamiento uniforme en toda la superficie de contacto, lo que garantiza resultados consistentes.

⮞ **Eficiencia energética:** minimizan la pérdida de calor, lo que reduce el consumo de energía.

⮞ **Versatilidad:** se adaptan a una amplia gama de aplicaciones y geometrías de piezas.

⮞ **Durabilidad:** tienen una larga vida útil, y soportan ambientes de trabajo duros.

En cuanto a sus consideraciones adicionales:

- ➲ La selección del equipo adecuado depende del tipo de tratamiento térmico, el material de la pieza y las propiedades mecánicas deseadas.
- ➲ Es importante que los equipos estén calibrados y mantenidos correctamente para garantizar la precisión y la seguridad.

 **VÍDEO**

En este enlace puedes ver un vídeo sobre los modelos que existen en el mercado a día de hoy:

https://redirectoronline.com/uf30030107

 TAREA 3

Imagina que tienes una pieza de acero al carbono que necesita ser templada para aumentar su dureza. Sin embargo, te preocupa que se agriete durante el proceso.

Basándote en la información proporcionada, ¿qué medio de enfriamiento elegirías inicialmente para intentar templar esta pieza de acero al carbono minimizando el riesgo de agrietamiento? Explica brevemente por qué eliges ese medio y por qué descartas las otras opciones mencionadas para este escenario específico.

6. Resumen

Los tratamientos térmicos en soldadura son procesos controlados que modifican las propiedades del metal soldado para mejorar su rendimiento y durabilidad, abordando las tensiones residuales inducidas por la soldadura que pueden causar fallos prematuros. Estos tratamientos incluyen el recocido (calentamiento y enfriamiento lento para aliviar tensiones), el normalizado (calentamiento y enfriamiento al aire para refinar el grano), el temple (calentamiento y enfriamiento rápido para aumentar la dureza), el revenido (reducción de la fragilidad postemple), el precalentamiento (reducción del choque térmico antes de soldar) y el postcalentamiento (PWHT) (alivio de tensiones después de soldar), utilizando equipos como hornos, fajas de inducción, calentadores de almohadilla de cerámica y sopletes, con un control preciso de la temperatura según el tipo de acero y las normativas aplicables, priorizando la seguridad y la calidad para prolongar la vida útil de la soldadura.

Es fundamental considerar el tipo de material, su grosor y la composición química, ya que estos factores influyen directamente en la respuesta del material al tratamiento térmico. El conocimiento preciso de estas variables permite seleccionar el tratamiento adecuado, optimizar los parámetros del proceso y garantizar resultados consistentes y fiables.

Para garantizar la integridad y calidad de las uniones soldadas, es crucial implementar un control térmico adecuado a lo largo del proceso, que abarca desde el precalentamiento inicial hasta el poscalentamiento final, pasando por el control entre pasadas.

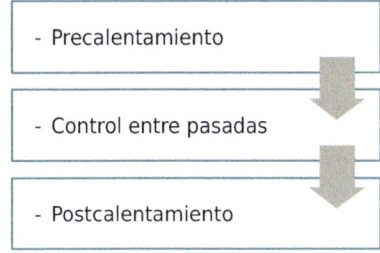

- Precalentamiento

- Control entre pasadas

- Postcalentamiento

Ejercicios de autoevaluación
Unidad de Aprendizaje 1

1. Determina si la siguiente oración es verdadera o falsa: "El trata-miento de temple siempre aumenta la ductilidad del acero".

    - ■ Verdadero
    - ■ Falso

2. Describe brevemente la función de un horno de vacío en tratamien-tos térmicos.

    _____
    _____
    _____
    _____

3. ¿Qué parámetros fundamentales se deben controlar durante un tra-tamiento de revenido?

    _____
    _____

4. Determina si la siguiente oración es verdadera o falsa: "El postcalen-tamiento siempre se aplica antes de realizar la soldadura".

    - ■ Verdadero
    - ■ Falso

5. Explica la diferencia entre un tratamiento de normalizado y un recocido.

    _____
    _____
    _____
    _____

6. ¿Qué tipo de acabado superficial se utiliza para eliminar óxido y escamas de una pieza metálica?

_____

_____

7. Determina si la siguiente oración es verdadera o falsa: "La nitruración es un tratamiento que aumenta la resistencia a la corrosión del acero".

■ Verdadero
■ Falso

8. Describe las precauciones de seguridad necesarias al utilizar un tratamiento térmico.

_____

_____

9. ¿Qué efecto tiene un tratamiento de temple seguido de revenido en las propiedades mecánicas del acero?

_____

_____

10. Explica brevemente cómo se realiza un tratamiento de postcalentamiento por inducción.

_____

_____

Control de calidad de la unión soldada

Contenido

Objetivos

Los principales objetivos de esta Unidad de Aprendizaje son:

→ Identificar los defectos en uniones soldadas (tipos, causas, consecuencias).

→ Dominar la inspección visual (procedimientos, equipos).

→ Asegurar la calidad de la unión, aplicando estos conocimientos para garantizar su integridad y fiabilidad.

1. Introducción

La calidad de la soldadura es primordial para la seguridad y funcionalidad de estructuras metálicas. Esta unidad aborda la identificación, corrección de defectos y estándares para uniones robustas. La inspección es vital, ya que los defectos pueden comprometer la integridad estructural y la seguridad.

Esta unidad profundiza en la inspección visual con herramientas como lupas, para identificar defectos superficiales. Además, explora técnicas mecánicas y térmicas (amoladoras, arco aire, plasma) para corregir errores y asegurar el cumplimiento de estándares.

El objetivo es capacitar para identificar y corregir imperfecciones postsoldeo, fomentando una mentalidad crítica y atenta al detalle. Este conocimiento práctico construye una cultura de seguridad, precisión y calidad en la soldadura.

Manuel, nada más levantar la pantalla de soldar, sabe que sus conocimientos le harán observar la calidad de su trabajo. Para ello, debe estar bien entrenado en la inspección visual para saber que su trabajo cumple con los requisitos que le exige la empresa.

2. Estudio de los defectos en las uniones soldadas

☞ HILO CONDUCTOR

Tras completar cada soldadura, Manuel, un soldador experimentado, realiza una exhaustiva verificación para garantizar el cumplimiento de los estrictos estándares de calidad de la empresa, inspeccionando meticulosamente cada unión para asegurar que el trabajo final cumple con los exigentes requisitos establecidos, y demostrando su responsabilidad y alta cualificación en cada proyecto.

Las uniones soldadas son una parte integral y esencial de muchas construcciones y estructuras en la industria moderna. El éxito de una soldadura no solo depende de la calidad del propio material y el método utilizado, sino también de la habilidad del soldador y el control de calidad aplicado antes, durante y después del proceso de soldadura. Parte esencial de este control de calidad es el estudio minucioso de los defectos que pueden ocurrir en las uniones soldadas. Estos defectos pueden comprometer la integridad estructural de la pieza, causando potenciales fallos que pueden tener consecuencias catastróficas. En esta unidad, exploraremos en detalle los tipos de defectos que pueden presentarse, su origen, métodos de detección y técnicas para su rectificación o prevención.

2.1. Clasificación de los defectos en uniones soldadas

Las normas ISO 5817 e ISO 6520 son fundamentales en el ámbito de la soldadura, especialmente en lo que respecta a la inspección visual. A continuación, se describe una definición de cada una:

➲ **ISO 5817:**

◊ Esta norma internacional especifica los niveles de calidad para las imperfecciones en uniones soldadas por fusión (excluyendo la soldadura por haz de electrones) en aceros, níquel, titanio y sus aleaciones.
◊ En términos sencillos, establece criterios de aceptación para diversos tipos de defectos que pueden aparecer en las soldaduras, clasificándolos en diferentes niveles de calidad.
◊ Esto permite a los inspectores y a los fabricantes determinar si una soldadura cumple con los requisitos de calidad necesarios para su aplicación específica.

➲ **ISO 6520:**

◊ Esta norma internacional clasifica las imperfecciones geométricas en soldaduras de materiales metálicos realizadas por fusión.
◊ Proporciona una nomenclatura y descripción detallada de los diferentes tipos de imperfecciones, como grietas, porosidades, inclusiones y falta de fusión.
◊ Es importante porque proporciona un lenguaje estandarizado para la identificación y descripción de defectos, lo que facilita la comunicación entre inspectores, soldadores y diseñadores.

NOTA

Para la clasificación de los defectos que se producen en soldadura, nos vamos a basar en las normativas que los regulan. De esta manera, sabremos cuáles son sus verdaderos límites, evitando así los malos entendidos y propiciando un cumplimiento de la ley vigente sobre los defectos de soldadura. Las normas que lo regulan son la ISO 5817 y la ISO 6520.

Si buscásemos un enfoque sobre cómo confrontar o especificar la relación entre ambas normas, podríamos decir que:

> Ambas normas son esenciales para la inspección visual de soldaduras, ya que proporcionan los criterios y la terminología necesarios para evaluar la calidad de las uniones soldadas.

> La ISO 5817 establece los niveles de aceptación, mientras que la ISO 6520 define los tipos de defectos que se deben buscar durante la inspección visual.

Estas normas son herramientas cruciales para garantizar la calidad y la integridad de las uniones soldadas.

Los defectos en las soldaduras se pueden clasificar en varias categorías. Comprender cada tipo es fundamental para evaluaciones efectivas y correcciones.

Los defectos en soldadura se dividen en internos y superficiales. Los internos (requieren END) incluyen: **porosidades/cavidades** (bolsas de gas que debilitan), **inclusiones de escoria** (fundente atrapado) y **falta de fusión/penetración** (mala unión entre metales). Los defectos superficiales (visibles) incluyen: **fisuras** (grietas por tensión), **cordones irregulares** (ondulaciones, desalineación, ancho no uniforme) y **proyecciones/salpicaduras** (metal salpicado).

SABÍAS QUE...

Las normativas que regulan las calidades o los tipos de defectos en soldadura son leyes internacionales. En Europa usamos normalmente la nuestra, que es la UNE, y la americana, que es la AWS. Hay que tener en cuenta que la mayoría de siglas proceden de este idioma.

Defectos de soldadura

Soldadura ideal

Grietas

Porosidad

Socavación

Inclusión de escoria

Superposición

Fusión incompleta

Penetración incompleta

Salpicaduras

Defectos típicos de la soldadura

2.2. Causas de los defectos en las uniones soldadas

Identificar las causas raíz de los defectos en soldaduras es clave para su prevención. Estas causas incluyen:

- ➲ **Factores humanos:** falta de habilidad o atención del soldador, selección inadecuada de parámetros (corriente, voltaje, velocidad)
- ➲ **Condiciones de materiales:** impurezas, mala preparación de superficies, uso inadecuado de material de aporte, presencia de humedad y óxido.
- ➲ **Condiciones ambientales:** temperatura, viento y humedad extremas que afectan el proceso y el enfriamiento, generando tensiones.

➲ **Equipos y herramientas:** uso de equipos defectuosos o inadecuados, como una máquina de soldar con corriente inestable.

NOTA

Hay que recordar que, en la anterior unidad, hablábamos de los materiales (su grosor, su composición, la temperatura tanto ambiental como de acomodación de su microestructura), pero hay otro factor muy importante: de nada nos sirven esas indicaciones si no hemos realizado un control de su limpieza. Por lo tanto, nunca se debe de soldar en los metales base con óxidos, pinturas, grasas o con las superficies mal preparadas.

2.3. Detección de defectos en uniones soldadas

Cuando se realiza un trabajo de soldadura, siempre hay que verificar que los resultados son aceptables según las normas. Para ello, realizaremos distintos ensayos para buscar si hay defectos y, en el caso de haberlos, se tendrá que valorar si son o no aceptables. Estos ensayos se clasifican en: inspección visual, medios radiográficos, ensayo ultrasónico y líquidos penetrantes.

Inspección visual

La inspección visual es un control integral y obligatorio que se realiza a lo largo de todo el proceso de soldadura, desde la recepción de materiales hasta el informe final, para asegurar la calidad, detectar no conformidades tempranas, optimizar recursos y prevenir rechazos mediante la identificación y corrección de defectos durante la fabricación.

Se caracteriza por:

 - Identificar materiales que incumplen su especificación.

 - Debe realizarse siempre, incluso cuando está prevista la ejecución de otro tipo de ensayos.

Continúa en página siguiente >>

<< Viene de página anterior

 - Reduce la necesidad de ensayos no destructivos posteriores.

 - Facilitar la corrección de defectos que se producen durante el proceso de fabricación, evitando de este modo su posterior rechazo.

Medios radiográficos

Utilizan rayos X o gamma para revelar defectos internos dentro de una unión soldada, como porosidades o inclusiones.

La inspección radiográfica, un método no destructivo, usa rayos X para detectar defectos internos en materiales. Basándose en la diferente absorción de la radiación, los rayos atraviesan el material e impresionan una placa, revelando discontinuidades (grietas, inclusiones) según la densidad y espesor. El contraste resultante, comparado con patrones, permite identificar y clasificar defectos volumétricos, lo cual es crucial para asegurar la integridad de soldaduras y componentes industriales.

La radiografía gamma, un ensayo no destructivo, utiliza la alta energía emitida por núcleos atómicos inestables para penetrar materiales y revelar defectos internos. Las variaciones en la absorción se registran en una película radiográfica. La calidad de la imagen se evalúa con indicadores (ICI) como alambres o plaquetas (DIN y ASME) para determinar la sensibilidad y resolución, asegurando la detección de defectos críticos y la integridad de los componentes.

Ensayo ultrasónico

Utiliza ondas sonoras de alta frecuencia para detectar irregularidades bajo la superficie del material soldado. Es ideal para detectar fallas de alineación o falta de fusión.

 **VÍDEO**

En el siguiente enlace encontrarás un vídeo que te ayudará a ampliar la información.

https://redirectoronline.com/uf30030201

El equipo genera haces de ondas ultrasónicas que se propagan a través del material y, al encontrar un cambio en las propiedades físicas (como una grieta o inclusión), se reflejan, siguiendo las leyes de reflexión.

Basándose en el principio de la reflexión de ondas ultrasónicas, al encontrar discontinuidades el equipo realiza un análisis detallado para caracterizar el interior del material. Analicemos sus características:

➲ Las ondas reflejadas son captadas y analizadas y, mediante la medición del tiempo transcurrido desde la emisión hasta la recepción, se determina la ubicación y el tamaño de las discontinuidades.
➲ Este método es eficaz para detectar variaciones en espesor o densidad y es ampliamente utilizado en la inspección de soldaduras, piezas fundidas, forjadas y laminadas, proporcionando información precisa sobre la integridad del material sin dañarlo.
➲ Las frecuencias de los haces sónicos se encuentran en un rango de 125 KHz a 20 MHz.

Inspección de ultrasonidos de una soldadura

Partículas magnéticas

La inspección por partículas magnéticas (PM) es un método no destructivo para detectar defectos superficiales y subsuperficiales en materiales ferromagnéticos. Al inducir un campo magnético, las líneas de fuerza se deforman ante discontinuidades, atrayendo partículas magnéticas aplicadas (en seco o suspensión). La magnetización se logra con imanes o corriente (circular/longitudinal), y las partículas se acumulan en fugas magnéticas, revelando fisuras e inclusiones para evaluar la integridad del material.

 **NOTA**

Los materiales de inoxidable de la serie 300 no son magnéticos; este sistema no es válido para ellos.

Líquidos penetrantes

La inspección con líquidos penetrantes, un método no destructivo, consiste en aplicar un líquido que penetra por capilaridad en las discontinuidades superficiales de un material, revelando imperfecciones como poros y fisuras tras eliminar el exceso. Existen dos tipos principales, fluorescentes y no fluorescentes, cuya diferencia clave reside en su método de detección: los fluorescentes, más sensibles, requieren luz ultravioleta para revelar las indicaciones, mientras que los no fluorescentes, visibles a la luz natural, son más prácticos y económicos, y son los más utilizados en la industria debido a su facilidad de uso y menor coste.

Por lo tanto, dividiremos estas dos aplicaciones en:

1. Los líquidos penetrantes fluorescentes contienen un colorante que fluorece bajo la luz negra o ultravioleta.
2. Los líquidos penetrantes no fluorescentes contienen un colorante de alto contraste bajo luz blanca.

 ACTIVIDAD COMPLEMENTARIA

7. Busca en internet los colores más utilizados en los espráis reveladores de los que no son fluorescentes.

2.4. Soluciones y correcciones para defectos de soldadura

Determinar el método adecuado para corregir un defecto puede ayudar a asegurar la integridad estructural de la soldadura. Además, nos ayudará a pensar en la prevención para que esto no se vuelva a reproducir.

Para corregir defectos en soldadura, se siguen estos pasos: identificar la causa analizando el proceso, materiales y ambiente; seleccionar el método de reparación (resoldado, esmerilado, reemplazo) según el defecto y la aplicación; ejecutar la reparación por personal cualificado siguiendo procedimientos; e inspeccionar posreparación para verificar la corrección y ausencia de nuevos defectos.

Prevenir defectos en soldadura es clave por varias ventajas, ya que reduce costes de reparación (tiempo y materiales), mejora la calidad al asegurar uniones correctas desde el inicio, aumenta la productividad al evitar tiempos de inactividad y garantiza mayor seguridad al prevenir fallos estructurales riesgosos.

La prevención se consigue desarrollando lo siguiente:

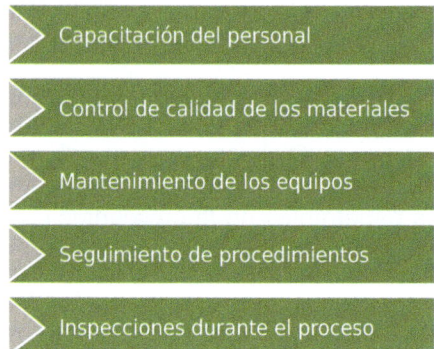

Capacitación del personal

Control de calidad de los materiales

Mantenimiento de los equipos

Seguimiento de procedimientos

Inspecciones durante el proceso

NOTA

Las soluciones y correcciones para defectos de soldadura son vitales, pero la prevención, mediante prácticas de calidad y control riguroso, es la estrategia más efectiva para garantizar uniones soldadas seguras y duraderas.

Una vez que se detectan defectos en la soldadura, debemos seguir un protocolo de actuación:

- **Rectificación de porosidades y cavidades:** ajustar técnica y parámetros de soldadura, y mejorar la limpieza del metal base, corrige la falta de fusión. La rectificación de porosidades y cavidades, que debilitan la unión, se realiza eliminando los defectos mediante resoldado, esmerilado o relleno, tras identificar la causa y elegir el método de reparación adecuado para recuperar la calidad y funcionalidad de la soldadura.
- **Eliminar inclusiones de escoria:** asegurar la remoción adecuada de escoria entre pasadas y elegir el fundente adecuado para el proceso empleado. En grandes espesores también se utiliza el arco aire. La eliminación de inclusiones de escoria en soldadura no debe comprometer la integridad y resistencia de la unión.
- **Corregir fisuras y cordones irregulares:** los métodos pueden incluir resoldadura, técnicas de precalentamiento para reducir tensiones térmicas, y el control del proceso de enfriamiento.
- **Control de fusiones:** técnicas de precalentamiento, control de parámetros y uso de equipos adecuados.

⊙ EJEMPLO

Imaginemos que vamos a reparar una grieta en una soldadura realizada en un material de 40 mm de espesor. El defecto está localizado a 20 mm de la superficie. Deberemos no solo repararla, sino también realizar un registro de todas sus secuencias para tener instrucciones de cómo actuar si vuelve a darse el caso.

N.º PASO	DESCRIPCIÓN	ILUSTRACIÓN
1	Detección del fallo por ultrasonidos.	
2	Abrir la zona marcada con tinta azul con arco aire; en el caso de grietas, la distancia será de 50 mm más allá de lo marcado. Para evitar cambios bruscos de temperatura, cuando la temperatura ambiente marque por debajo de 15 °C, precalentaremos la zona a 60 °C ±10 °C.	
3	Limpiar la zona mediante fresa. El radio de la raíz no podrá ser inferior a 5 mm.	
4	Realizar partículas magnéticas en la zona de soldadura para asegurarnos de que no quedan zonas por abrir.	
5	Limpiar los restos de la prueba de MT (magnetic testing, también conocido como "ensayo por partículas magnéticas").	

Continúa en página siguiente >>

<< Viene de página anterior

N.º PASO	DESCRIPCIÓN	ILUSTRACIÓN
6	Seguir la WPS adecuada al material base y de aporte para realizar la soldadura, así como las instrucciones respecto a la temperatura necesaria. Para evitar cambios bruscos de temperatura, cuando la temperatura ambiente marque por debajo de 15 °C, precalentaremos la zona a 60 °C ±10 °C para todos los tipos de materiales.	WPS N.º 000 REV. N.º 000
7	La técnica de soldadura será como la de los cordones indicados en la WPS, es decir, primero se realizan los cordones exteriores y se cierra la capa por el centro.	
8	La técnica de acabado seguirá siendo la marcada por el plano original. Se cubrirá con manta térmica para su enfriamiento lento.	

2.5. Innovaciones en el control de calidad de soldaduras

Cada vez más, la tecnología avanza y ofrece nuevas soluciones para mejorar el control de calidad en soldaduras:

- **Inteligencia artificial y *machine learning*:** estas tecnologías se utilizan para analizar patrones y detectar irregularidades en soldaduras mucho antes en el proceso, permitiendo reparaciones proactivas.
- **Técnicas avanzadas de imagenología:** las imágenes más claras y detalladas de defectos internos ayudan a identificar y corregir defectos de manera más eficiente.
- **Uso de drones y robótica:** permiten realizar inspecciones detalladas en lugares de difícil acceso, garantizando mejor vigilancia de proyectos masivos.

ACTIVIDAD COMPLEMENTARIA

8. Busca en internet los equipos Phased-Array y sistemas avanzados de ultrasonidos y descubre los últimos sistemas de inspección de soldadura. Describe brevemente sus principales ventajas.

3. Procedimientos para la inspección visual

👉 HILO CONDUCTOR

Tras completar cada soldadura, Manuel realiza una exhaustiva verificación para garantizar el cumplimiento de los estrictos estándares de calidad de la empresa, inspeccionando meticulosamente cada unión mediante procedimientos de inspección visual que incluyen la revisión de la geometría del cordón, la detección de discontinuidades superficiales como grietas o porosidades, y la verificación de la correcta fusión con el material base, asegurando que el trabajo final cumple con los exigentes requisitos establecidos, demostrando su responsabilidad y alta cualificación en cada proyecto.

3.1. Procedimientos para la inspección visual

La inspección visual es uno de los procedimientos más antiguos y efectivos en el proceso de control de calidad de uniones soldadas, esencial para asegurar la integridad y funcionalidad de la pieza final. La efectividad de este método no solo radica en su simplicidad, sino también en su capacidad para identificar una amplia gama de defectos superficiales antes de que el componente entre en servicio. Este apartado tiene como objetivo profundizar en los procedimientos para llevar a cabo una inspección visual eficiente, siguiendo los estándares y pautas establecidos en la industria de la soldadura.

Fundamentos de la inspección visual

La inspección visual se basa en el examen directo de la soldadura utilizando la vista, sin necesidad de medios técnicos complejos. No obstante, su éxito depende en gran medida de la habilidad, experiencia y ojo crítico del inspector encargado de determinar la calidad de la unión soldada.

El inspector debe estar familiarizado con los estándares de calidad específicos, conocer los tipos de defectos que pueden aparecer en la soldadura y entender cómo pueden afectar al rendimiento del producto final. La formación continua y el acceso a las normativas actuales son cruciales para el mantenimiento de las competencias del inspector.

 **NOTA**

La cualificación de un inspector visual de soldadura se rige por una serie de normativas que garantizan su competencia y capacidad para realizar inspecciones efectivas. La certificación de inspectores visuales de soldadura es un tema complejo, ya que involucra diversas normativas y entidades.

Normativas y entidades clave:

- ISO 9712: esta norma internacional es fundamental. Establece los requisitos para la cualificación y certificación del personal que realiza ensayos no destructivos (END), incluyendo la inspección visual.

  - Define los niveles de cualificación (1, 2 y 3) y los requisitos de formación, experiencia y exámenes necesarios.
  - Los organismos de certificación acreditados por ENAC (Entidad Nacional de Acreditación) son los que realmente certifican conforme a esta norma.

- ISO 17637: esta norma se centra específicamente en la inspección visual de uniones soldadas por fusión.

  - Proporciona directrices detalladas sobre los procedimientos de inspección, los criterios de aceptación y la documentación necesaria.
  - Es una norma que se usa como referencia, pero no certifica personas.

Continúa en página siguiente >>

- Normativas sectoriales:

<< Viene de página anterior

- En sectores específicos, como el aeronáutico o el nuclear, pueden existir normativas adicionales que establecen requisitos más estrictos para los inspectores visuales.
- Por ejemplo, la norma EN 9100 para el sector aeroespacial.

- Entidades de certificación:

  - Existen diversas entidades de certificación que ofrecen programas de cualificación para inspectores visuales.
  - Estas entidades deben estar acreditadas por organismos nacionales de acreditación para garantizar la validez de sus certificaciones.

Por lo tanto, la certificación de un inspector visual de soldadura implica el cumplimiento de normativas internacionales y, en algunos casos, sectoriales, y debe ser otorgada por entidades de certificación acreditadas.

APLICACIÓN PRÁCTICA

Recientemente, Manuel ha ascendido en la empresa y será el responsable no solo de soldar, sino también de verificar que las soldaduras cumplen con lo exigido. Para ello, necesitará saber qué tipo de ensayos puede realizar él mismo para darlas por terminadas y con criterios de calidad aceptables. Indica qué tipo de inspección puede realizar.

Solución

Puede realizar la inspección visual.

Preparación para la inspección visual

El proceso de inspección visual debe iniciarse con una correcta preparación tanto del equipamiento necesario como del entorno:

Selección del equipo adecuado
- Aunque la inspección visual puede parecer un proceso simple, un conjunto adecuado de herramientas puede incrementar significativamente su eficacia. Lámparas con buena iluminación, lupas de diferentes aumentos, reglas, galgas de soldadura y cámaras fotográficas para documentar hallazgos críticos son algunas de las herramientas básicas.

Condiciones del entorno
- Una iluminación deficiente puede ocultar defectos superficiales. La inspección debe realizarse bajo condiciones de luz adecuadas, utilizando lámparas ajustables si es necesario, para asegurar que todos los ángulos de la soldadura sean evaluados adecuadamente.

Preparación de la superficie
- La superficie de la soldadura debe estar libre de salpicaduras, escoria, aceite, polvo y otros contaminantes. Un paño limpio y un cepillo de alambre liviano pueden ser utilizados para esta limpieza preliminar.

Métodos de inspección visual

La inspección visual puede llevarse a cabo en diferentes etapas del proceso de soldadura, asegurando así que se mantenga el control de calidad desde el inicio hasta el final de la producción. A continuación, se describen los métodos típicos de inspección visual basados en la fase del proceso de soldadura:

1. **Inspección preliminar o inicial.** Antes de que comience el proceso de soldadura, una revisión de los materiales y equipos es esencial:

   ↻ **Revisión de especificaciones:** confirmar que las especificaciones, planos técnicos y procedimientos de soldadura estén correctamente entendidos.
   ↻ **Verificación del material base:** asegurarse de que el material a soldar cumple con las especificaciones de diseño y calidad, verificando la certificación de lotes y la correcta clasificación.
   ↻ **Comprobación del equipo de soldadura:** revisar la condición del equipo de soldadura y los consumibles, garantizando que están correctamente calibrados y en buen estado.

2. **Inspección durante la soldadura.** Esta fase es vital para el control continuo del proceso:

◑ **Monitoreo de parámetros:** observar y documentar los parámetros de soldadura, como corriente, voltaje, velocidad de avance y secuencia de pasadas.

◑ **Evaluación de la técnica del soldador:** verificar la habilidad y técnica del soldador, evaluando su calibración a las condiciones establecidas y su capacidad para seguir las instrucciones de procedimiento.

3. **Inspección final.** Una vez completada la soldadura, se realiza una inspección más profunda de la soldadura concluida:

◑ **Examinación del cordón de soldadura:** evaluar la apariencia visual general del cordón, buscando irregularidades como socavaduras, mordeduras, salpicaduras, grietas superficiales y discontinuidades evidentes.

◑ **Medición de la soldadura:** utilizar galgas para comprobar el tamaño y la forma del cordón de soldadura en relación con las especificaciones técnicas.

◑ **Documentación fotográfica:** realizar una completa documentación visual, incluyendo imágenes, dibujos y cálculos o medidas realizadas durante la inspección.

 TAREA 4

Analizando la siguiente imagen, indica si pasarías una prueba de inspección visual atendiendo los conocimientos adquiridos o si consideras que hay defectos que conlleven una inspección más exhaustiva:

Empalme de un cordón de soldadura

Registro y reporte de la inspección

La documentación es una parte vital de la inspección visual, ya que facilita la revisión posterior y permite mantener un historial preciso de la calidad de la soldadura. Para estos pasos se recomienda lo siguiente:

Reporte estructurado
- Completar informes de inspección estándar que incluyan detalles del inspector, condiciones de inspección, hallazgos específicos, requisitos cumplidos/no cumplidos y recomendaciones sobre acciones correctivas.

Utilización de tecnología
- Implementar sistemas digitales para la captura de datos facilita el acceso al archivo histórico, mejorando la gestión de calidad a largo plazo.

NOTA

La inspección visual es fundamental en el control de calidad de soldaduras. Requiere un enfoque sistemático, personal formado y procedimientos estandarizados. La tecnología puede optimizarla, asegurando uniones fiables y seguras. Fomentar una cultura de calidad convierte la inspección en una mejora continua y un valor estratégico para el rendimiento y la reputación de la empresa.

ACTIVIDAD COMPLEMENTARIA

9. Indaga e investiga cuáles son las normas ISO más relevantes que regulan la inspección visual en la actualidad, considerando diferentes industrias y aplicaciones. Describe brevemente el alcance de cada norma identificada y cómo se relaciona con la garantía de calidad y la detección de defectos.

4. Equipamiento básico

☞ HILO CONDUCTOR

Tras cada soldadura, Manuel asegura la calidad mediante inspección visual detallada, empleando equipamiento básico como elementos metrológicos, lupa, linterna, galgas y plantillas. Los procedimientos incluyen evaluar la limpieza, medir dimensiones del cordón, inspeccionar la alineación y documentar resultados. Esta verificación meticulosa garantiza el cumplimiento de los estándares de la empresa, detectando discontinuidades y asegurando la correcta fusión del material base. La responsabilidad y alta cualificación de Manuel son evidentes en cada proyecto, donde la precisión y el detalle son primordiales.

4.1. Elementos y equipamientos cruciales en la inspección de soldadura

En las operaciones postsoldeo con electrodo, el equipamiento básico es crucial para asegurar la calidad de las uniones soldadas tras la inspección visual. Es esencial que los profesionales conozcan este equipo para trabajar eficientemente y garantizar la integridad y seguridad de las soldaduras.

A continuación, se detalla el equipamiento fundamental para estas operaciones.

Trabajar seguro es una prioridad y cumplir las normas es una obligación

Equipos de protección individual (EPI)

La seguridad siempre debe ser la prioridad número uno en cualquier entorno de trabajo, y las operaciones postsoldeo con electrodo no son la excepción. Los equipos de protección personal son fundamentales para proteger al operario de posibles riesgos, como exposición a metales pesados, inhalación de humos tóxicos y quemaduras por contacto con el equipo caliente. Entre los elementos más importantes encontramos:

1. Protección ocular y facial: gafas de seguridad, pantalla facial y casco de seguridad.
2. Protección respiratoria: mascarillas o respiradores.
3. Protección auditiva: tapones u orejeras.
4. Protección de las manos y del cuerpo: guantes de seguridad, ropa de protección y calzado de seguridad.

Equipo de soldadura

El equipo de soldadura es la columna vertebral de las operaciones postsoldeo. Incluye una variedad de herramientas y dispositivos que facilitan el proceso de soldadura y contribuyen a una ejecución eficaz y segura de las tareas:

- **Máquina de soldar de MIG-MAG:** fundamental para llevar a cabo la soldadura por arco eléctrico. Su elección depende de las características de las tareas que se vayan a realizar, ya sea corriente continua o alterna.
- **Hilos:** son esenciales para el proceso de MIG-MAG. El tipo de hilo utilizado dependerá del material a soldar y de las especificaciones del cliente o proyecto.
- **Pistola de hilo:** herramienta que sostiene el electrodo durante la operación. Debe estar aislada correctamente para prevenir choques eléctricos.
- **Pinza de masa o grapa de tierra:** completa el circuito eléctrico para la soldadura. Siempre hay que asegurarse de que esté bien conectada para evitar accidentes.

Máquina de soldar MIG-MAG

 ## ACTIVIDAD COMPLEMENTARIA

10. Investiga en detalle qué equipos de protección individual (EPI) son imprescindibles para llevar a cabo una soldadura mediante el proceso MAG *(metal
active gas)*, considerando los riesgos específicos asociados a esta técnica.
Describe cada elemento de protección, su función principal y las normativas europeas (EN) que se deben cumplir para garantizar la seguridad del
soldador. Además, explora si existen EPI específicos para soldaduras MAG
en entornos particulares (espacios confinados, alturas, etc.) y cuáles son.

Herramientas de inspección y medición

Para lograr el control de calidad adecuado durante las operaciones de postsoldeo, contar con herramientas confiables de inspección y medición es imprescindible. Estas herramientas permiten verificar las dimensiones, evaluar
el acabado y constatar las especificaciones de las piezas:

- **Calibradores o pie de rey:** usados para medir con precisión el diámetro,
la altura y el grosor de las piezas.
- **Medidor de soldadura:** elemento clave para verificar el tamaño y la
forma del cordón de soldadura.
- **Indicadores de *fillet weld:*** herramientas de medición específicamente
diseñadas para verificar la conformidad de las soldaduras en ángulo.
- **Medidores de tensión superficial:** evalúan la calidad del acabado superficial, un elemento esencial en algunos proyectos.

Herramientas de preparación y manipulación

En soldadura se requiere un conjunto diverso de herramientas: **cepillos de alambre** para limpiar superficies; **martillos o piquetas** para eliminar escorias; **esmeril angular (radial/amoladora)** para cortar, desbastar y preparar; y **abrazaderas y sujeciones** para alinear y fijar piezas.

 SABÍAS QUE...

Los soldadores siempre llevan herramientas que consideran imprescindibles, pero estas pueden ser muy diversas dependiendo del sector al que se dediquen. Por ejemplo:

- Soldadores de mantenimiento y/o con materiales de inoxidables: suelen llevar imanes para comprobar la cantidad de ferrita que tienen. Si son magnéticos, serán martensíticos, ferríticos o de la gama de dúplex y superdúplex. En cambio, si no son magnéticos, pertenecen a la serie de los austeníticos (serie 300).
- Soldadores de calderería pesada: suelen llevar pirómetros para controlar las temperaturas entre pasadas.
- Soldadores de calderas industriales: suelen llevar rodilleras, por las posiciones incómodas.
- Soldadores de tubería: a pesar de que no se deberían utilizar espejos, en ocasiones se ven obligados a soldar en lugares de tan difícil acceso que la única manera es a través de espejos. Esto solo lo realizan los soldadores más valientes y expertos.

Equipos de ensayo no destructivo (END)

La selección y el uso de equipos de ensayo no destructivo (END) depende de varios factores clave, que aseguran la eficacia y precisión de la inspección. Aquí se detallan los principales:

1. **Tipo de material y discontinuidad a detectar:**

   ◑ Material: las propiedades del material (metálico, no metálico, compuesto) influyen en la elección del método END. Por ejemplo, las partículas magnéticas solo son aplicables a materiales ferromagnéticos.

◊ Discontinuidad: el tipo de defecto (grietas, porosidades, inclusiones) determina la técnica más adecuada. Algunas técnicas son más sensibles a defectos superficiales, mientras que otras detectan mejor discontinuidades internas.

2. **Normativa y estándares:**

◊ Normas internacionales: normas como ISO 9712 (cualificación del personal) e ISO 17637 (inspección visual) establecen requisitos y procedimientos para los END.
◊ Normas sectoriales: sectores como el aeroespacial o el nuclear tienen normativas específicas que exigen métodos END particulares y niveles de calidad más estrictos.
◊ Códigos y especificaciones: códigos de construcción y especificaciones de proyectos definen los criterios de aceptación y los métodos END obligatorios.

3. **Accesibilidad y geometría de la pieza:**

◊ Accesibilidad: la forma y ubicación de la pieza pueden limitar el acceso a ciertas áreas, lo que influye en la selección del método END.
◊ Geometría: la complejidad de la geometría de la pieza puede requerir técnicas END especializadas o la adaptación de equipos estándar.

Inspección de soldadura dentro de un depósito cerrado con acceso limitado, poco ventilado y con poca luz.

4. **Condiciones ambientales:** las condiciones ambientales afectan la precisión de los ensayos no destructivos (END). La temperatura extrema puede alterar la exactitud, la humedad interfiere con líquidos penetrantes y partículas magnéticas, y la contaminación (suciedad, polvo, grasa) dificulta la detección de defectos.

5. **Coste y tiempo:** el coste de equipos y ensayos varía según el método END. El tiempo de inspección depende de la técnica y complejidad de la pieza.

6. **Nivel de cualificación del personal:** la realización de ensayos no destructivos (END) requiere formación y certificación del personal según normativas y experiencia práctica para la correcta interpretación de los resultados.

NOTA

La elección de los equipos END depende de una combinación de factores técnicos, normativos y prácticos, que aseguran la fiabilidad y eficacia de la inspección.

ACTIVIDAD COMPLEMENTARIA

11. Existen varios tipos de ensayos END para soldadura. En ocasiones, solo vemos sus siglas. Busca en internet a qué se refieren los siguientes tipos: (VT), (PT), (MT), (UT) y (RT).

Manejo y almacenamiento de los equipos

El mantenimiento y almacenamiento adecuado son vitales para la durabilidad y seguridad del equipo de soldadura e inspección. Los electrodos deben almacenarse en ambientes controlados para evitar humedad. Las máquinas y herramientas deben revisarse periódicamente. Un registro de equipos facilita el seguimiento y la previsión de reparaciones. En conclusión, el equipamiento básico postsoldeo incluye herramientas de trabajo y seguridad; y la preparación, inspección y mantenimiento son clave para el control de calidad.

4.2. Elementos metrológicos

En la compleja y exigente disciplina del postsoldeo con electrodo, el control de calidad de las uniones soldadas es esencial para garantizar la integridad y funcionalidad de las estructuras metálicas. Después de haber explorado el equipamiento básico en el apartado anterior, nos adentramos ahora en los elementos metrológicos, que son herramientas cruciales para evaluar la precisión, conformidad y calidad de las soldaduras realizadas.

 PARA SABER MÁS

En el siguiente enlace puedes ver una ampliación de todos los elementos de metrología. Hay que saber qué es la ciencia de las mediciones y cuáles son sus respectivas aplicaciones.

https://redirectoronline.com/uf30030202

Pasemos a desgranar qué debemos tener en cuenta del enfoque de esta situación y cuáles serían los requisitos necesarios:

1. **Introducción a la metrología en soldaduras.** La metrología, la ciencia de la medición, es fundamental en soldadura para asegurar dimensiones y especificaciones, y para detectar defectos que comprometan la estructura. En el postsoldeo, verifica dimensiones geométricas, alineación, uniformidad y discontinuidades, cruciales para la calidad final.
2. **Instrumentos metrológicos comunes:**

   � Calibrador Vernier (pie de rey): mide dimensiones (diámetros, profundidades, longitudes) con precisión (hasta milésimas de mm), útil para la alineación.
   ☿ Micrómetro: mide espesor y dimensiones externas con precisión, esencial para el cordón.

> Galgas de espesores: verifican alineación y separación presoldadura, cruciales para la penetración.
> Reglas y escuadras metálicas: aseguran alineación lineal y angular (90°).
> Medidores de ángulos (inclinómetros/goniómetros): verifican ángulos en estructuras tridimensionales.

3. **Técnicas de medición y control.** La correcta aplicación de la metrología en soldadura requiere:

> **Inspección visual y pruebas no destructivas (NDT):** la inspección visual detecta defectos evidentes, complementada por NDT (ultrasonido, radiografía, partículas magnéticas) para identificar discontinuidades internas.
> **Inspección dimensional:** verifica que las dimensiones postsoldeo (longitudes, anchuras, profundidades, diagonales) cumplan con las especificaciones.
> **Análisis de tolerancias:** compara las mediciones con tolerancias predefinidas en diagramas de control de calidad para identificar anomalías en el proceso o la soldadura.

4. **Avances y tecnologías emergentes.** La metrología avanza con herramientas tecnológicas para un control más preciso de soldaduras: **láser 3D** mapea superficies detalladamente para detectar deformaciones, drones con fotogrametría/escaneo 3D inspeccionan áreas extensas y complejas de forma segura, y la inteligencia artificial analiza datos en tiempo real para predecir fallos y permitir prevención.
5. **Importancia de la capacitación y el mantenimiento.** El uso efectivo de los instrumentos metrológicos no solo depende de la tecnología, sino también de la competencia del personal técnico. Constantemente, deben realizarse programas de capacitación en las últimas técnicas de metrología y mantenimiento preventivo y correctivo de los equipos de medición. Además, la calibración periódica de los instrumentos es esencial para evitar errores por desajuste o mal funcionamiento, asegurando así la confiabilidad de las mediciones obtenidas.
6. **Documentación y reporte de resultados.** Es crucial documentar y reportar metódicamente cada medición e inspección para trazabilidad, cumplimiento y mejora continua. Los reportes deben detallar metodología, estándares, condiciones, resultados y acciones correctivas. El uso eficaz de la metrología postsoldeo mejora la calidad, el rendimiento y la vida útil de las estructuras soldadas, garantizando precisión, conformidad y seguridad en diversas aplicaciones.

NOTA

Las tolerancias en el metal, más que simples números son el lenguaje que traduce la precisión deseada en una pieza metálica a la realidad de su fabricación, permitiendo que desde un diminuto engranaje hasta un gigantesco componente aeroespacial encajen y funcionen según lo previsto, asegurando así la calidad, la intercambiabilidad y la funcionalidad en un mundo donde la exactitud es fundamental.

4.3. Lupa de aumento

La lupa de aumento es una herramienta de análisis esencial en el control de calidad de la unión soldada. Su diseño simple pero eficaz permite a los inspectores, técnicos y soldadores examinar cuidadosamente las uniones soldadas para detectar imperfecciones y defectos que podrían comprometer la calidad y la seguridad de la estructura soldada. La lupa de aumento facilita la inspección visual, proporcionando una imagen ampliada del área estudiada, lo que es crucial para asegurar que se cumplan los requisitos y estándares de calidad exigidos en los procesos de soldadura.

Lupa de aumento para inspección de soldadura

La lupa de aumento es vital para detectar defectos visibles (grietas, porosidad, inclusiones) en soldaduras, crucial para prevenir fallos estructurales. Hay varios tipos: **de mano** (portátiles, aumentos moderados, requieren estabilidad), **con luz incorporada** (iluminación uniforme para poca luz), **montadas en soportes** (estabilidad para inspecciones largas), y **binoculares/**

multifocales (visión natural, reducen fatiga). En inspección de soldaduras, se usan en diversas etapas para un análisis detallado.

 **APLICACIÓN PRÁCTICA**

Manuel debe tomar la siguiente soldadura y realizar una revisión intensiva, para registrar todas aquellas irregularidades que encuentre. También debe registrar aquellas que, a pesar de no ser consideradas un defecto, se conviertan en discontinuidad.

¿Podrías ayudarle?

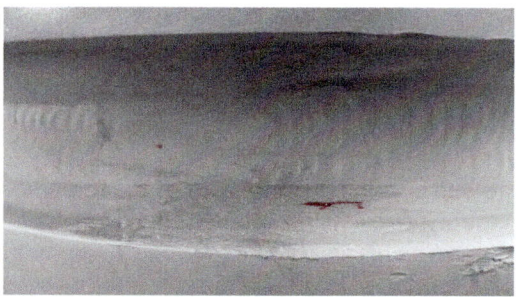

Solución

Tras analizar la imagen, se aprecia una grieta longitudinal en la ZAT, un defecto considerable que demanda evaluación por su potencial impacto estructural. Por otro lado, se identifica un punto en el empalme, interpretado como una discontinuidad menor que, si bien requiere consideración según los criterios de aceptación, no se considera un defecto considerable que comprometa la integridad de la soldadura de manera significativa.

4.4. Linterna

En el mundo de la soldadura, donde la precisión, la seguridad y el control de calidad son primordiales, las herramientas auxiliares juegan un papel fundamental para asegurar que cada soldadura cumpla con los estándares esperados. Entre estos instrumentos auxiliares, la linterna destaca como un dispositivo esencial para los procesos de control y evaluación postsoldeo. Este apartado explora a fondo la linterna: su importancia, tipos, aplicaciones en el campo de soldadura y cómo mejora el control de calidad en un entorno profesional.

Baja luminosidad en espacios cerrados

La importancia de la iluminación adecuada

Una buena iluminación con linterna es vital en soldadura y postsoldeo para evidenciar la calidad de la unión e identificar defectos sutiles (porosidades, grietas, socavaciones, desalineaciones) que podrían causar fallos estructurales. La linterna amplía la visión del soldador e inspector, revelando detalles invisibles a simple vista y potenciando otras herramientas como la lupa.

Tipos de linternas

En el contexto industrial, las linternas no son simplemente dispositivos de iluminación básica; existen distintos tipos adaptados específicamente para satisfacer las necesidades del control de calidad en soldadura.

La inspección de soldaduras se apoya en una variedad de linternas especializadas, cada una diseñada para optimizar la detección de defectos según sus características y la técnica de inspección empleada. Veamos algunas:

- **Linternas LED:** comunes por su luz potente y eficiente, ideal para revelar detalles y durar en entornos industriales.
- **Linternas de xenón:** emiten luz blanca intensa, percibida como natural, útil para inspecciones extensas que requieren alta visibilidad.

⮞ **Linternas ultravioletas (UV):** usadas con líquidos penetrantes fluorescentes para detectar fisuras y grietas invisibles a simple vista.

Aplicaciones en el control de calidad postsoldeo

Las linternas son esenciales en el control de calidad postsoldeo para:

⮞ **Inspección visual:** iluminan para verificar la conformidad del cordón y detectar imperfecciones en su forma y la uniformidad del material.
⮞ **Verificación dimensional:** permiten evaluar la profundidad, ancho, alineación y nivel de fusión superficial de la soldadura.
⮞ **Detección de defectos superficiales:** amplifican la visibilidad de fallos como inclusiones de escoria, proyecciones y discontinuidades.
⮞ **Evaluación de contaminación:** ayudan a verificar la ausencia de aceites, pintura u óxidos que podrían debilitar la soldadura.

Sombras creadas con linternas para la detención de fallos

Mejores prácticas con el uso de linternas

Buenas prácticas para usar linternas eficazmente en control de calidad de soldadura:

| Calibrar iluminación | - Ajustar intensidad y tipo de luz según material y ambiente. |

Continúa en página siguiente >>

<< Viene de página anterior

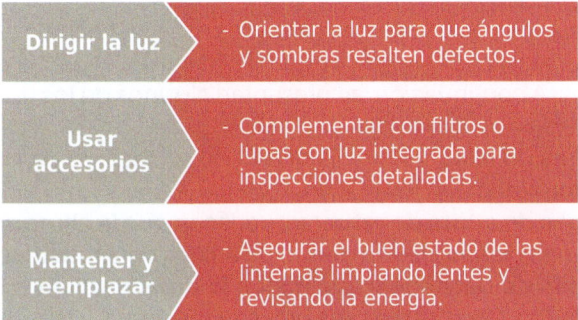

Dirigir la luz	- Orientar la luz para que ángulos y sombras resalten defectos.
Usar accesorios	- Complementar con filtros o lupas con luz integrada para inspecciones detalladas.
Mantener y reemplazar	- Asegurar el buen estado de las linternas limpiando lentes y revisando la energía.

TAREA 5

Tras soldar, se pidió a Manuel usar una linterna para inspeccionar defectos superficiales como mordeduras. Para detallar los puntos clave y la solución, se procedería probablemente así: con linterna, Manuel inspeccionaría la soldadura buscando mordeduras en los bordes. Luego, evaluaría su ubicación, tamaño y si se cumplen los criterios del proyecto.

¿Cómo crees que documentaría las mordeduras, sus causas y posibles soluciones?

- -

4.5. Galgas

En el ámbito del control de calidad de la unión soldada, las galgas se presentan como herramientas esenciales para asegurar la precisión y la fiabilidad de las medidas realizadas durante y después del proceso de soldadura.

Las galgas, instrumentos diseñados para medir dimensiones precisas, son fundamentales para evaluar la calidad del trabajo realizado en las uniones soldadas mediante electrodos. Este apartado explorará las diversas formas de galgas, su uso correcto y su importancia, lo cual permite a los operarios efectuar un control detallado y efectivo.

Tipos de galgas

Existen varios tipos de galgas utilizadas en la inspección de soldaduras, con sus características específicas que las hacen adecuadas para distintas aplicaciones. A continuación, se presentan algunos de los tipos más comunes:

1. **Galgas de *fillet*:** miden el tamaño de soldaduras en filete para asegurar conformidad con los planos.
2. **Galgas de altura de refuerzo:** verifican que la altura del refuerzo en soldaduras de ranura esté dentro de límites para resistencia y apariencia.
3. **Galgas de desalineación:** miden la desalineación entre componentes soldados, algo crucial para prevenir tensiones y fallas.
4. **Galgas de soldadura de ranura:** evalúan la penetración y tamaño de la soldadura en ranura, vital para la integridad estructural.
5. **Galgas de ángulo:** aseguran que los ángulos de la pieza estén dentro de los límites para conexiones mecánicas y tensiones.

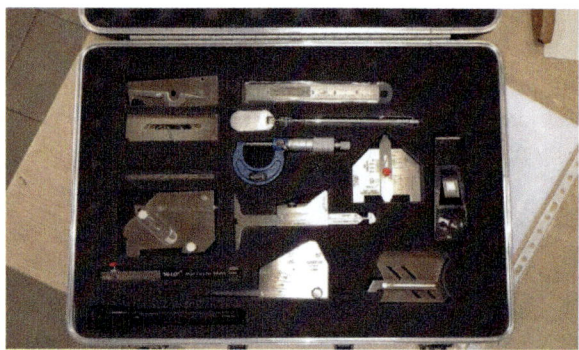

Maletín con conjunto de galgas para soldadura

Uso de galgas en el proceso de inspección

El uso de galgas no solo es una tarea de control de calidad, sino que también es una acción preventiva que reduce la posibilidad de errores durante el proceso de soldadura. Los operarios deben incorporar el uso de galgas en diferentes etapas del trabajo:

➲ **Antes de la soldadura:** las galgas pueden ser usadas para confirmar que las piezas están correctamente posicionadas y alineadas antes de la soldadura. Proteger la calidad del producto final implica evitar desajustes desde el principio.

⮑ **Durante la soldadura:** inspeccionar las soldaduras mientras se ejecuta el trabajo permite detectar de inmediato cualquier inconsistencia con las dimensiones previstas. Ello facilita corregir sobre la marcha, en lugar de tener que realizar costosas y laboriosas reparaciones posteriores.

⮑ **Después de la soldadura:** una vez terminada la soldadura, las galgas se utilizan como parte de un control final para confirmar la adherencia al diseño. Esto es crucial para certificar la calidad del trabajo y prevenir fallos durante el servicio.

Importancia de las galgas en la inspección de soldadura

La importancia de las galgas radica en su capacidad para mediciones precisas y consistentes, ofreciendo:

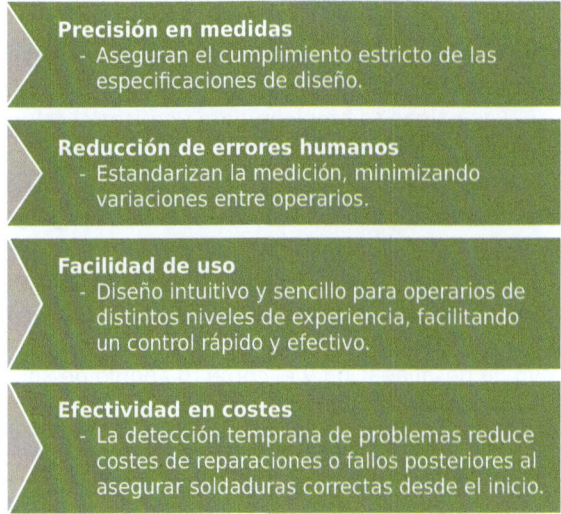

Precisión en medidas
- Aseguran el cumplimiento estricto de las especificaciones de diseño.

Reducción de errores humanos
- Estandarizan la medición, minimizando variaciones entre operarios.

Facilidad de uso
- Diseño intuitivo y sencillo para operarios de distintos niveles de experiencia, facilitando un control rápido y efectivo.

Efectividad en costes
- La detección temprana de problemas reduce costes de reparaciones o fallos posteriores al asegurar soldaduras correctas desde el inicio.

Prácticas recomendadas para el uso de galgas

Para maximizar la efectividad de las galgas en el control de calidad, los operarios deben considerar estas prácticas:

⮑ **Calibración regular:** calibrar periódicamente las galgas para asegurar que se mantengan dentro de sus tolerancias y garantizar la precisión de las mediciones.

⮑ **Mantenimiento y cuidado:** tratar las galgas con cuidado para evitar deformaciones o daños, guardándolas adecuadamente y limpiándolas después de cada uso para prolongar su vida útil y mantener su precisión.

⮑ **Capacitación de operarios:** proporcionar la formación adecuada en el uso correcto y la interpretación de las mediciones para asegurar una aplicación uniforme y resultados fiables.

👁 EJEMPLO

Las galgas han sido empleadas con éxito en múltiples industrias, cada una enfrentando diferentes desafíos específicos de inspección y control de calidad. A través de casos de estudio, podemos ver cómo estas herramientas son claves para lograr estándares altos de calidad. Veamos algunos ejemplos:

1. **Industria petroquímica:** en la construcción de refinerías, la precisión de las soldaduras es vital debido a las presiones extremas que las uniones soportan. Las galgas se emplean para verificar el refuerzo y el tamaño de las soldaduras en ranura, cruciales para la seguridad.

2. **Construcción naval:** las naves marinas requieren una integridad estructural que no permita fallas. En el sector naval, las galgas de desalineación se usan para identificar cualquier irregularidad en las medidas antes de que se conviertan en problemas mayores durante la operación.

3. **Infraestructura de transporte:** las galgas juegan un rol vital en el sector ferroviario y del transporte por carretera, donde la seguridad es primordial. De nuevo, la desalineación y el correcto ángulo de soldadura son esenciales en líneas donde las vibraciones y el movimiento constante desafían la resistencia de las uniones soldadas.

Futuro de las galgas en la inspección de soldadura

Con el continuo avance de la tecnología, las galgas siguen evolucionando para adaptarse a las necesidades crecientes de precisión y eficiencia en la inspección de soldaduras. En el futuro, se espera que más avances en materiales y diseño de galgas arrojen nuevos niveles de exactitud, así como la integración de tecnologías digitales para ofrecer lecturas automáticas o incluso registros computarizados de las mediciones para análisis posteriores.

ACTIVIDAD COMPLEMENTARIA

12. ¿Qué soldaduras podemos medir con una galga tipo *bridge?* Indaga en otras fuentes si es necesario.

4.6. Plantillas

En el proceso de soldadura con electrodo, el control de calidad no solo se mide durante la ejecución de la soldadura, sino también en las etapas posteriores, en las que se aseguran los acabados y la integridad de las uniones. Parte fundamental de estas etapas es la utilización de plantillas, instrumentos versátiles que permiten corroborar y verificar la calidad y las dimensiones de las uniones soldadas de forma precisa y eficiente. A lo largo de este apartado exploraremos el uso, tipos, diseño y aplicación de las plantillas en las operaciones postsoldeo.

Imán de soldadura

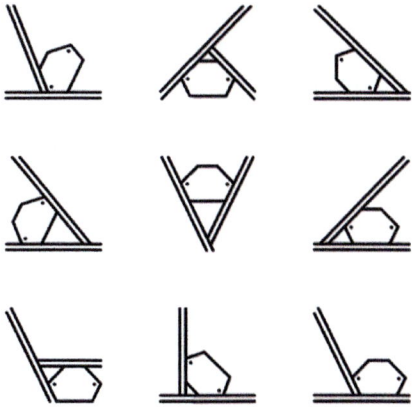

Plantillas para soldaduras poco usuales

Importancia de las plantillas en el control de calidad

Las plantillas representan una herramienta esencial dentro del control de calidad postsoldeo. Proporcionan una referencia física que ayuda a los soldadores y a los inspectores a comprender si las soldaduras se ajustan a los criterios especificados por los planos de diseño y las normas aplicables. Al asegurar la conformidad dimensional y geométrica de las soldaduras, se previenen una serie de defectos que podrían comprometer la integridad estructural del ensamblaje. Estos dispositivos aseguran que los estándares de calidad no se vean comprometidos por desviaciones o por una ejecución inadecuada durante el proceso de soldadura.

Tipos de plantillas utilizadas en soldadura

Existen plantillas especializadas para control de calidad en soldadura:

- **De evaluación de soldaduras por capas:** verifican espesor y anchura de cada pasada, útiles en soldaduras multicapa (MIG/TIG).
- **Para medición de ángulos:** comprueban el ángulo de preparación y refuerzo, crucial en tuberías y estructuras para la correcta alineación.
- **De control de diámetro y mesa:** aseguran la conformidad del diámetro y circunferencia en componentes cilíndricos (engranajes, depósitos).
- **Para control de deformaciones:** identifican desviaciones por acumulación térmica o tensiones residuales, guiando la corrección.

Diseño de plantillas en el proceso de soldadura

El diseño de plantillas debe considerar varios factores que garantizan su funcionalidad y eficacia. El material del que están hechas, su forma y sus medidas específicas son aspectos esenciales que dependen del tipo de soldadura y de los criterios de calidad deseados.

Materiales de fabricación

Las plantillas suelen fabricarse con materiales duraderos y resistentes al desgaste, como el acero templado o el aluminio anodizado. Para aplicaciones más especializadas, podría recurrirse a plásticos de ingeniería avanzada, que ofrecen altos grados de precisión dimensional y ligereza para el uso directo en sitios de difícil acceso.

Diseño personalizado

A menudo, las plantillas se personalizan para cumplir con especificaciones precisas de un proyecto. Un ingeniero o inspector en soldadura determina las características necesarias basándose en el plano y las normativas del proyecto. Este proceso de diseño puede apoyarse en *software* de CAD para crear plantillas de precisión para escenarios específicos.

Consideraciones de precisión y tolerancia

La precisión en el diseño de plantillas es vital. Deben estar fabricadas considerando las tolerancias adecuadas para que no se desvíen de los estándares definidos. Para incrementar la precisión se puede utilizar tecnología de corte láser o CNC, que permiten obtener plantillas coherentes y replicables.

Procedimientos de utilización de plantillas

El uso correcto de plantillas para evaluar soldaduras implica:

- **Preparación del área de trabajo:** limpiar las superficies soldadas para evitar residuos que alteren las mediciones.
- **Aplicación de plantillas:** colocar las plantillas con precisión sobre la unión soldada, sin ejercer presión excesiva. La fijación temporal debe evitar elementos que comprometan la alineación.
- **Análisis de resultados:** efectuar mediciones directas o identificar disconformidades, comparando los resultados con especificaciones de junta y normas internacionales (ANSI/AWS D1.1, ASME sección IX).
- **Registro y ajustes:** documentar exhaustivamente las mediciones para trazabilidad y futuras consultas. Anotar cualquier ajuste realizado y las acciones correctivas aplicadas.

 TAREA 6

Manuel necesita crear una plantilla de *checklist* en *Word,* ya que busca internalizar un protocolo de actuación mediante un hábito sistemático. Con al menos 10 puntos, asegurará el cumplimiento de las calidades requeridas en sus tareas, minimizando errores y optimizando la eficiencia. Es una herramienta clave para la estandarización y el aseguramiento de la calidad.

Crea un documento *Word* a modo de plantilla. Este documento será un *checklist* con 10 puntos al menos, donde se pueda observar que se cumple con un protocolo de actuación con el fin de crear un hábito sobre las tareas a realizar y que, de esta manera, nos ajustamos a las calidades requeridas.

Normativas y estándares relacionados con el uso de plantillas

El uso de plantillas en el control de calidad postsoldeo está regulado por normas como:

- **ISO 9712:** calificación y certificación del personal de ensayos no destructivos, incluyendo el uso de plantillas
- **ASTM E165:** principios para pruebas de penetración líquida donde las plantillas ayudan a identificar defectos superficiales
- **ANSI/AWS B5.1-2013:** requisitos para la calificación de inspectores, a menudo encargados de usar plantillas en la evaluación de soldaduras

Innovaciones tecnológicas en plantillas para soldadura

Las tecnologías emergentes mejoran las plantillas con instrumentos electrónicos y ópticos para una recolección de datos más precisa y en tiempo real, ofreciendo retroalimentación inmediata y documentación automática. La realidad aumentada y la captura 3D enriquecen la evaluación postsoldeo, mientras que la inteligencia artificial facilita análisis detallados y recomendaciones de corrección.

Casos de estudio y aplicaciones reales

Para comprender a cabalidad la aplicación de las plantillas en el proceso de soldadura, es útil revisar casos de estudio donde se hayan implementado con éxito. Los sectores de construcción naval, aviación y energía tienen ejemplos destacados en el uso estratégico de plantillas para alcanzar niveles de calidad internacionales.

 **EJEMPLO**

En la construcción de estructuras metálicas navales, la precisión dimensional es crucial. Aquí, el uso de plantillas garantizó que las uniones longitudinales alcanzaran el estándar máximo de seguridad, previniendo fugas y fallos catastróficos en el casco de embarcaciones.

Para plataformas petrolíferas, las plantillas fueron usadas para controlar soldaduras de tuberías y válvulas a alta presión, asegurando la integridad del

Continúa en página siguiente >>

<< Viene de página anterior

sistema ante las condiciones hostiles del ambiente marino y minimizando el riesgo de accidentes.

---

5. Parámetros a comprobar

☞ HILO CONDUCTOR

Manuel asegura la calidad con inspección visual detallada usando equipamiento básico. Los procedimientos incluyen evaluar limpieza, medir dimensiones y documentar resultados. Se verifican parámetros críticos como grietas, inclusiones, falta de fusión, imperfecciones de forma y otras anomalías. Esta inspección meticulosa garantiza el cumplimiento de los estándares de la empresa, demostrando su alta cualificación y responsabilidad en cada soldadura.

5.1. La influencia de los parámetros de soldeo en su resultado final

En el diseño y ejecución de proyectos que implican el uso de la soldadura, uno de los aspectos cruciales es el control de calidad que asegure la integridad y la seguridad de las uniones soldadas. En este contexto, la verificación detallada de varios parámetros postsoldeo es esencial para garantizar que el trabajo cumpla con las normativas industriales y las especificaciones del proyecto. El contexto de las plantillas implica una familiarización con los perfiles y propiedades geométricas a controlar, que se integran al control de parámetros de calidad.

Importancia de los parámetros postsoldeo

Para lograr una soldadura de calidad que sea tanto eficiente como segura, es indispensable que cada parámetro evaluado durante el proceso de control de calidad posea la capacidad de revelar posibles defectos que podrían comprometer la estructura soldada. El control postsoldeo viene a ser la última oportunidad de intervenir antes de que el producto sea considerado completado y entregado para su uso final.

Los parámetros a comprobar en una unión soldada son diversos y específicos al tipo de proyecto y materiales utilizados. Este nivel detallado de inspección asegura que cualquier irregularidad pueda ser detectada y corregida antes de que la estructura entre en servicio, previniendo así fallas futuras o desgaste prematuro.

Clasificación de los parámetros

Los parámetros a comprobar en un examen postsoldeo pueden categorizarse en diversos grupos, a menudo relacionados con las características físicas, químicas y mecánicas de las uniones. En términos generales, podemos clasificar los parámetros a inspeccionar en los siguientes tipos: dimensionales, mecánicos, metalográficos, físicos y termodinámicos.

Parámetros dimensionales

Las condiciones dimensionales son la inspección inicial postsoldeo para verificar la conformidad con diseño y normativas:

⮱ **Longitud del cordón:** debe coincidir con los planos para asegurar la resistencia estructural.
⮱ **Grosor del material y la soldadura:** debe ser continuo y uniforme para evitar solidificación discontinua o puntos de estrés.
⮱ **Alineación y posición:** verifica el montaje correcto de las piezas prefabricadas para evitar incongruencias y deformaciones.

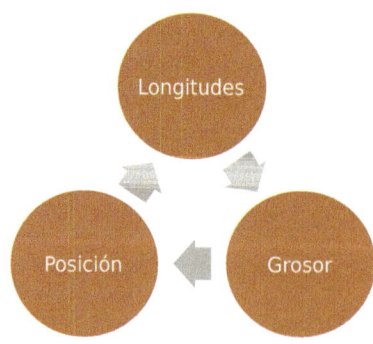

ACTIVIDAD COMPLEMENTARIA

13. Apoyándote en internet, ¿cuál sería el tamaño de la garganta de soldadura de rincón si los espesores para unir son de 16 mm y requieren que su tamaño sea de a = 0,7?

Parámetros mecánicos

La evaluación de los parámetros mecánicos analiza el comportamiento de la soldadura bajo cargas, asegurando su capacidad estructural:

Resistencia tensil	- Mide la capacidad de soportar fuerzas de tracción, crucial para la carga estructural y usualmente verificada con métodos no destructivos.
Dureza y ductilidad	- Busca un equilibrio; la dureza ofrece resistencia al desgaste y la ductilidad permite deformaciones sin rotura, vital para la integridad.
Pruebas de impacto	- Simulan cargas repentinas, evaluando la capacidad de la soldadura para absorber golpes y prevenir fracturas.

Parámetros metalográficos

El análisis metalográfico examina la microestructura del metal, revelando el tipo de grano, corrosión interna y zonas afectadas térmicamente (ZAT). Distinguimos principalmente dos tipos:

- **Examen de la microestructura:** la orientación y estado de los granos influyen en la resistencia a la formación de grietas.
- **Porosidad y cavidades:** la detección de estos defectos internos es crucial, ya que pueden iniciar fracturas y disminuir la resistencia.

Parámetros físicos

Estos parámetros ofrecen un análisis superficial enfocado en imperfecciones perceptibles:

◌ **Acabado superficial y apariencia:** refleja la regularidad y estabilidad del proceso; las imperfecciones visibles indican posibles defectos.
◌ **Evidencia de grietas superficiales:** la inspección visual, complementada por ultrasonido o líquidos penetrantes, puede detectar fisuras superficiales que requieren atención.

Parámetros termodinámicos

Los parámetros termodinámicos se centran en el mantenimiento y monitoreo del control térmico postsoldadura para evitar desechos:

Temperatura de precalentamiento y enfriamiento controlado
- Verificar el control de temperatura asegura un enfriamiento según lineamientos para minimizar esfuerzos térmicos.

Conductividad térmica
- Las mediciones postsoldadura del calor proporcionan datos sobre estados transitorios y el nivel de disolución de elementos de aleación.

Proceso de monitoreo, rectificación de parámetros y la importancia de la documentación

Una vez obtenidos los resultados de los controles, se debe seguir un proceso de rectificación basado en el impacto y la viabilidad técnico-económica, optimizando los recursos de corrección para asegurar que la estructura cumpla con los estándares operacionales óptimos.

Los métodos de reparación pueden incluir desbaste y resoldadura, técnicas térmicas para corregir alineaciones o refuerzos auxiliares para debilidades. En casos graves, se podrían requerir revisiones de planos o rediseño de componentes críticos.

La documentación detallada del proceso de inspección y los resultados de los parámetros son fundamentales para procedimentar cada etapa, identificar errores en futuras producciones y proporcionar evidencia del cumplimiento normativo en auditorías externas.

SABÍAS QUE...

La comprobación de parámetros postsoldeo y su debida documentación representan una técnica integradora de control de calidad en gestión estructural que siempre debe ser parte vital de la planificación de proyectos de soldadura. Su atención meticulosa no solo enlaza éxito y eficiencia operacional, sino también seguridad a largo plazo en el uso operativo de las estructuras soldadas.

5.2. Grietas y cavidades (poros, picaduras, rechupes y otras)

En la soldadura, la integridad estructural es clave. Tras analizar los parámetros de comprobación, es vital enfocarse en imperfecciones comunes como grietas y cavidades (poros, picaduras, rechupes). Estas discontinuidades afectan la resistencia y durabilidad, y requieren la identificación y gestión adecuadas para asegurar resultados óptimos.

Búsqueda de defectos en la soldadura

Grietas en la soldadura

Las grietas son rupturas lineales, superficiales o internas, defectos críticos que propagan fallas bajo carga. Se clasifican en:

- **Grietas en caliente:** surgen a altas temperaturas durante el enfriamiento por tensiones residuales, enfriamiento rápido o composición química inadecuada (azufre y fósforo aumentan el riesgo).
- **Grietas en frío:** aparecen tras la soldadura a temperatura ambiente por tensiones internas, promovidas por hidrógeno, estrés residual y dureza de la zona afectada por el calor (ZAT).

Prevención y control

Para mitigar la formación de grietas es crucial controlar los parámetros de precalentamiento, la velocidad de enfriamiento y la composición del material base. La técnica de soldadura debe ajustarse para minimizar las tensiones. Utilizar materiales con bajos contenidos de elementos de impureza y aplicar tratamientos térmicos postsoldadura ayuda a estabilizar las tensiones internas y prevenir las grietas.

En la siguiente tabla podemos ver el número que identifica el defecto según la ISO 5817, su referencia en la ISO 6520, su designación de imperfección, valor según espesor "t" y el límite correspondiente, siendo B el más restrictivo. En este caso, las grietas nunca son admitidas.

N.º	Referencia ISO 6520-1	Designación de la imperfección	Observaciones	t mm	Límites de las imperfecciones para los niveles de calidad		
					D	C	B
1. Imperfecciones superficiales							
1.1	100	Grieta	-	≥0,5	No admisible	No admisible	No admisible
1.2	104	Grieta de cráter	-	≥0,5	No admisible	No admisible	No admisible

Cavidades: poros y picaduras

Los poros son cavidades redondeadas en la soldadura, superficiales o internas, causadas por gases atrapados al enfriarse el metal.

Las causas comunes son:

> Contaminación o protección inadecuada del gas protector

> Humedad en el flujo, pieza de trabajo, electrodos/
> alambres o ambiente

> Óxidos o contaminantes en materiales o consumibles

Para reducir la formación de poros, es clave un ambiente limpio y seco, usar consumibles secos almacenados correctamente, revisar la configuración del equipo y el flujo del gas protector. La limpieza de superficies y el control de la humedad son esenciales.

Las **picaduras** son porosidades aisladas, de mayor tamaño e irregulares, que pueden debilitar significativamente la soldadura al reducir su sección transversal y concentrar cargas.

En la siguiente tabla podemos ver el número que identifica el defecto según la ISO 5817, su referencia en la ISO 6520, su designación la imperfección, valor según espesor "t", la profundidad de soldadura "s" y el límite correspondiente, siendo B el más restrictivo. En este caso, sí hay admisiones en los niveles D y C.

Nº	Referencia ISO 6520-1	Designación de la imperfección	Observaciones	t mm	Límites de las imperfecciones para los niveles de calidad		
					D	C	B
1.3	2017	Picadura	Medida máxima de un poro aislado en: - soldaduras a tope - soldaduras en ángulo	0,5 a 3	≤0,3 s d≤0,3 a	No admisible	No admisible
			Medida máxima de un poro aislado en: - soldaduras a tope - soldaduras en ángulo	≥3	d≤0,3 s, máx. 3 mm d≤0,3 a, máx. 3 mm	d≤0,2 s, máx. 2 mm d≤0,2 a, máx. 2 mm	No admisible

Continúa en página siguiente >>

<< Viene de página anterior

1.18	516	Porosidad en la raíz	Formación esponjosa en la raíz de una soldadura debido a la ebullición del metal fundido en el momento de la solidificación (por ejemplo, falta de gas de respaldo)	≥0,5	Permitida localmente	No admisible	No admisible

Mecanismos y prevención

Las picaduras pueden originarse por variaciones en la mezcla gaseosa o desacuerdo en la técnica de soldadura. El ajuste de parámetros de soldadura para un flujo de calor adecuado puede remediar este defecto. Mantener la regulación precisa del gas de protección y una técnica de deposición óptima es esencial.

SABÍAS QUE...

Uno de los tipos de defecto que más quebraderos de cabeza da son los rechupes en la soldadura.

Los rechupes son cavidades más grandes, conocidas también como contrafuertes, formadas comúnmente en la parte superior del cordón de soldadura cuando el metal líquido se contrae durante su solidificación y no encuentra material adicional para llenar el espacio creado.

Los factores contribuyentes son:

- Desequilibrio en el aporte de calor y una tasa de alimentación de material insuficiente.
- Ausencia de soporte adecuado en la raíz del soldado.

Continúa en página siguiente >>

<< Viene de página anterior

Para su corrección y mejora es necesario un control meticuloso del calor aportado durante el procedimiento, así como una planificación cuidadosa de la secuencia de soldadura para permitir una distribución uniforme y gradual del calor. El uso de consumibles y técnicas que faciliten la deposición correcta en cada pase de soldadura es vital.

Evaluación e inspección

Debemos tener en cuenta estos dos aspectos a la hora de determinar cómo actuar:

- **Inspección visual y no destructiva.** La detección de grietas y cavidades emplea una combinación de inspecciones visuales y métodos no destructivos como la radiografía, ultrasonidos, líquidos penetrantes y partículas magnéticas. Estas técnicas proporcionan información clave sobre la ubicación, tamaño y extensión de los defectos.
- **Criterios de aceptabilidad.** Para determinar si una discontinuidad compromete la calidad de la unión, las normas industriales como ASME, ISO y AWS detallan especificaciones sobre dimensiones máximas permitidas y el tratamiento de cada tipo de imperfección. Es importante alinear el control de calidad con estas directrices estándar para garantizar la seguridad y funcionalidad del componente soldado.

 **APLICACIÓN PRÁCTICA**

Manuel se encuentra trabajando como técnico de mantenimiento de vías férreas. Una de sus responsabilidades cruciales es la inspección y reparación de las soldaduras que unen los tramos de riel. La integridad de estas soldaduras es vital para la seguridad del tránsito ferroviario, ya que las grietas pueden propagarse bajo la carga constante de los trenes, llevando a descarrilamientos con consecuencias.

Observa varia grietas, en total seis, con discontinuidades de 3 mm y, por lo tanto, no da el visto bueno, puesto que podría haber consecuencias catastróficas y debe registrarlo.

Continúa en página siguiente >>

¿Qué debe indicar en el informe?

Solución

1.2	104	Grieta de cráter	-	≥0,5	No admisible	No admisible	No admisible

La soldadura indicada de los raíles (de espesor ≥0,5) tiene un resultado de no admisible todos los niveles indicados en la norma ISO 5817, al no cumplir los criterios de B, C y D, siendo 104 el código **referencia ISO 6520-1.**

5.3. Inclusiones sólidas (escorias, óxido y otras)

En soldadura, las inclusiones sólidas son defectos comunes que comprometen la integridad y calidad de la unión. Son materiales indeseados incorporados al cordón durante el soldado o por condiciones inadecuadas. A continuación, se abordarán sus tipos, causas, prevención y control.

Los tipos son los siguientes:

1. **Escorias:** son inclusiones sólidas comunes, subproductos de reacciones químicas en la soldadura (óxidos e impurezas). En la soldadura con electrodo revestido son naturales y protegen el metal fundido al enfriarse, pero deben removerse completamente. La escoria retenida debilita la soldadura, causando grietas y fallas. Para evitarlas, es crucial seleccionar y manipular correctamente los parámetros de soldadura y el electrodo, además de limpiar meticulosamente cada cordón.
2. **Óxidos:** son inclusiones sólidas por la oxidación del metal fundido expuesto al aire sin protección adecuada. Comprometen la ductilidad y resistencia, causando grietas en uniones con ciclos térmicos o esfuerzos repetidos. La prevención implica limpiar la superficie de contaminantes y usar técnicas de soldadura con protección gaseosa (TIG, MIG) para minimizar el contacto con el oxígeno. Controlar la temperatura de soldadura y ajustar la técnica también es importante.
3. **Otras inclusiones:** además de escorias y óxidos, otras inclusiones pueden encontrarse dentro de los cordones de soldadura, incluyendo sulfuros, silicatos y compuestos de aluminio, cuando estos elementos están presentes en los materiales de soldadura involucrados. Cada tipo de inclusión puede derivar de distintos factores, tales como las propiedades

del metal base, el método de soldadura empleado o incluso condiciones ambientales particulares durante el proceso.

 EJEMPLO

Las inclusiones de sulfuro son comúnmente observadas en la soldadura del acero, especialmente cuando se utilizan metales con alto contenido de azufre o cuando hay contaminantes en los materiales de aporte. Las inclusiones de silicatos pueden derivarse de procesos de soldadura donde el fundente o los materiales de aporte contienen ciertos compuestos de silicio, y pueden ser especialmente problemáticas si comprometen la uniformidad de la soldadura.

La clave para minimizar estas inclusiones radica en un control riguroso de los materiales utilizados, así como una comprensión plena de las interacciones químicas que pueden surgir durante el proceso de soldadura. Ello implica seleccionar cuidadosamente los consumibles de soldadura adecuados, mantener una superficie de soldadura bien limpiada y libre de óxidos y otras impurezas, y operar bajo parámetros controlados que minimicen la exposición del metal base a reacciones químicas indeseadas.

Control y prevención de inclusiones sólidas

Un plan integral para controlar y prevenir inclusiones sólidas debe incluir:

- Selección correcta del procedimiento de soldadura y preparación diligente de la superficie del material base.
- Uso de materiales de aporte y fundentes adecuados al trabajo.
- Mantenimiento continuo del equipo de soldadura para evitar contaminantes.
- Calibración y ajuste adecuado del equipo para mantener parámetros aceptables.
- Capacitación y monitoreo de los operadores para ajustar técnicas e identificar inclusiones.
- Inspecciones de calidad postsoldadura (ultrasonido, radiografía, partículas magnéticas) para identificar y rectificar inclusiones mediante remoción y resoldado.

5.4. Falta de fusión y penetración

La calidad e integridad de una unión soldada son aspectos fundamentales en cualquier proceso de soldadura. La falta de fusión y penetración son defectos críticos que pueden comprometer la resistencia mecánica de una estructura soldada y, por lo tanto, representan uno de los peligros más significativos en la industria manufacturera. En este apartado, discutiremos en detalle estos defectos, sus causas, las formas de detectarlos y su impacto sobre la calidad del producto final. Además, proporcionaremos ejemplos prácticos y acciones correctivas para ayudar a evitar estos problemas durante el proceso de soldadura.

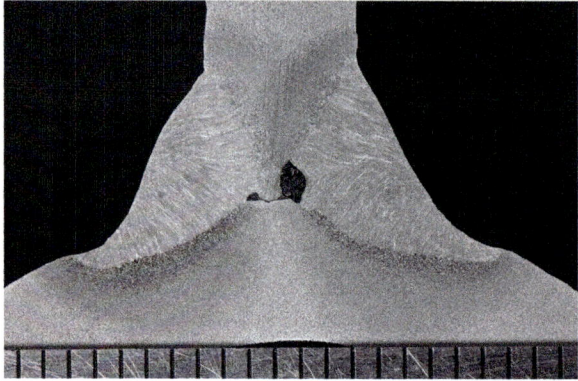

Falta de penetración en un cordón de soldadura

Falta de fusión: concepto y causas

La falta de fusión ocurre cuando el material de aporte no se une correctamente al metal base, debilitando la soldadura. Las causas principales son: insuficiente entrada de calor, ángulo de trabajo inadecuado, velocidad de desplazamiento excesiva y preparación superficial deficiente (contaminación por óxido, aceites, humedad o pintura). Un preprocesado y limpieza adecuados son cruciales para evitar este defecto.

Falta de penetración: concepto y causas

La falta de penetración es la profundidad insuficiente de la soldadura en el metal base, y debilita la unión. Las causas principales son calor insuficiente (arco poco caliente, amperaje bajo, parámetros inadecuados), grosor excesivo del metal base sin biselado y técnica incorrecta del operador (desplazamiento rápido, ángulo inadecuado).

Consecuencias de la falta de fusión y penetración

La falta de fusión y penetración tiene graves consecuencias: reduce la resistencia y ductilidad de la soldadura, aumentando el riesgo de fallos en servicio, como colapsos estructurales y fallas de presión (peligro para la vida humana). Económicamente, implica mayores costes por reparaciones, reprocesos e indemnizaciones por accidentes causados por uniones defectuosas.

En la siguiente tabla podemos ver el número que identifica el defecto según la ISO 5817, su referencia en la ISO 6520, su designación de la imperfección, valor según espesor "t", la profundidad de soldadura "s" y el límite correspondiente, siendo B el más restrictivo. En este caso, sí hay admisiones en el nivel D, C y B.

N.º	Referencia ISO 6520-1	Designación de la imperfección	Observaciones	t mm	Límites de las imperfecciones para los niveles de calidad		
					D	C	B
1 Imperfecciones superficiales							
1.6	4021	Falta de penetración en la raíz	Únicamente para soldaduras a tope por un solo lado	≥ 0,5	Imperfecciones cortas: h £0,2 t, máx. 2 mm	No admisible	No admisible
1.11	504	Exceso de penetración		0,5 a 3	h £1 mm + 0,6 b	h £1 mm + 0,3 b	h £1 mm + 0,1 b
				> 3	h £1 mm + 1,0 b, máx. 5 mm	h £1 mm + 0,6 b, máx. 4 mm	h £1 mm + 0,2 b, máx. 3 mm

SABÍAS QUE...

Los sistemas como los ultrasonidos o las radiografías nos permiten ver con claridad por dentro de la soldadura. Esto quiere decir que si hemos realizado algo mal durante el trabajo de soldadura, o si hemos querido hacer trampas, estas saldrán a la luz, invalidando el trabajo realizado.

Medidas preventivas y correctivas

La falta de fusión y penetración se previene con planificación y preparación adecuadas, como usar el amperaje correcto y ajustar la velocidad y ángulo del electrodo según la aplicación. La elección adecuada del electrodo y material de aporte también es crucial.

El entrenamiento y la experiencia del operador son vitales; capacitar al personal sobre materiales y parámetros ayuda a evitar estos defectos. Usar equipo actualizado y bien mantenido, con controles de calor y flujo de gas en buen estado y calibraciones correctas, es igualmente importante.

Cuando ya existen estos defectos, la solución suele ser rehacer la junta afectada, eliminando el material defectuoso y preparando las superficies para una nueva soldadura, ajustando las especificaciones y la metodología si es necesario para evitar recurrencias.

En conclusión, la falta de fusión y penetración son defectos serios que comprometen seguridad y durabilidad. Comprender sus causas, la detección temprana y aplicar medidas preventivas y correctivas es clave para el éxito de proyectos de soldadura, mejorando la calidad y la seguridad operativa.

5.5. Imperfecciones de forma (mordedura, desfondamiento)

Las imperfecciones en las uniones soldadas son una preocupación primordial en el contexto del control de calidad y el aseguramiento de la integridad estructural de cualquier producto que requiera del uso de técnicas de soldadura. En la continuidad de lo explorado sobre la falta de fusión y penetración, el conocimiento de las imperfecciones de forma, específicamente mordeduras y desfondamientos, es de suma importancia.

Definición y causas comunes

Las imperfecciones de forma pueden definirse como desviaciones de la forma esperada de la soldadura que comprometen su integridad mecánica y estética. De estas, la mordedura y el desfondamiento son las más prevalentes, emergiendo de una combinación de técnicas inapropiadas de soldadura, variables incontroladas y la naturaleza del proceso en sí.

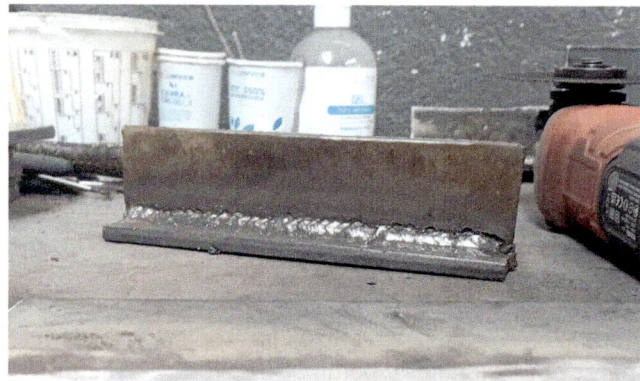

Mordedura continuada en una soldadura

La **mordedura** se refiere a la depresión superficial que se forma en los bordes de la soldadura a lo largo de las líneas de fusión. La mordedura está caracterizada por un rebajo o muesca en el metal base adyacente al cordón de soldadura. Este defecto resulta en una reducción del área efectiva del metal conjuntamente soldado, disminuyendo la resistencia mecánica estructural.

Las causas de las mordeduras son:

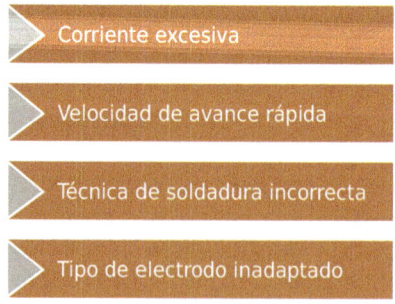

Corriente excesiva

Velocidad de avance rápida

Técnica de soldadura incorrecta

Tipo de electrodo inadaptado

El **desfondamiento,** también conocido como colapso o socavado, se refiere a un nivel insuficiente de material de relleno que compromete la uniformidad y resistencia de la unión soldada. Aparece cuando el material no se distribuye adecuadamente dentro del perfil de la soldadura.

Las causas del desfondamiento son:

- **Falta de material de relleno e inadecuada posición de soldadura:** posiciones incómodas o mal calculadas, en las que el control visual es limitado, pueden llevar a una distribución anómala del material.
- **Mal control de la temperatura:** temperaturas inadecuadas pueden causar que el metal fundido se contraiga de manera no uniforme.
- **Incorrecta preparación de la junta:** una preparación deficiente, como bordes mal ajustados o impurezas en la zona a soldar, contribuyen al desfondamiento.

Las mordeduras y desfondamientos deterioran la estética y la resistencia estructural de la soldadura. Al generar concentraciones de tensión, predisponen el material a fallar prematuramente bajo carga. La mordedura, con sus rebajes superficiales, intensifica las tensiones triaxiales, induciendo fracturas. El desfondamiento reduce la sección transversal efectiva, impidiendo que la unión soporte las cargas de servicio previstas.

En la siguiente tabla podemos ver el número que identifica el defecto según la ISO 5817, su referencia en la ISO 6520, su designación de la imperfección, valor según espesor "t", la profundidad de soldadura "s" y el límite correspondiente, siendo B el más restrictivo. En este caso, sí hay admisiones en el nivel D, C y B.

Nº	Referencia ISO 6520-1	Designación de la imperfección	Observaciones	t mm	Límites de las imperfecciones para los niveles de calidad		
					D	C	B
1 Imperfecciones superficiales							
1.7	5011	Mordedura continua	Se requiere una transición gradual	0,5 a 3	Imperfecciones cortas: h ≤ 0,2 t	Imperfecciones cortas: h ≤ 0,1 t	No admisible
	5012	Mordedura discontinua	No está contemplada como imperfección sistemática	> 3	h ≤ 0,2 t, máx. 1 mm	h ≤ 0,1 t, máx. 0,5 mm	h ≤0,05 t, máx. 0,5 mm
1.14	509	Desfondamiento / falta de espesor	Se requiere una transición gradual	0,5 a 3	Imperfecciones cortas: h ≤0,25 t	Imperfecciones cortas: h ≤0,1 t	No admisible
	511			> 3	Imperfecciones cortas: h ≤0,25 t, máx. 2 mm	Imperfecciones cortas: h ≤0,1 t, máx. 1 mm	Imperfecciones cortas: h ≤0,05 t, máx. 0,5 mm

Conocer las causas de mordeduras y desfondamientos permite prevenirlas o corregirlas eficazmente:

- **Técnicas de soldadura adecuadas:** ajustar corriente, velocidad e inclinación del electrodo es crucial para evitar la mordedura. La familiarización con las posiciones de soldadura mejora la precisión.
- **Control de parámetros:** la soldadura robotizada ofrece control riguroso; la capacitación continua es vital en procesos manuales.
- **Uso correcto de accesorios:** emplear electrodos y consumibles adecuados elimina variaciones en fusión y tensión del arco.
- **Inspección visual y no destructiva:** la inspección continua y las técnicas no destructivas (ultrasonidos, radiografías) detectan defectos tempranamente.
- **Posproceso adecuado:** la rectificación y pulido reparan mordeduras; el relleno adicional soluciona el desfondamiento.

NOTA

El control de calidad en el ámbito de la soldadura requiere un entendimiento profundo de los aspectos que rodean no solo la falta de fusión y penetración, sino también las imperfecciones de forma tales como la mordedura y el desfondamiento. Integrando la consideración de estos defectos en un programa robusto de aseguramiento de calidad, las fallas en los productos futuros se minimizan, optimizando al mismo tiempo la longevidad y resistencia estructural de las uniones, y asegurando que cumplan con los estándares más exigentes de funcionamiento y seguridad.

5.6. Otras imperfecciones como proyecciones y marcas de amolado

En el contexto de los procesos de soldadura, las imperfecciones pueden surgir debido a una variedad de factores, incluidos los métodos de ejecución, la selección de materiales y las condiciones de operación. Tras explorar las imperfecciones de forma, como la mordedura y el desfondamiento, es crucial examinar otras imperfecciones comunes que pueden comprometer la integridad de las uniones soldadas, específicamente las proyecciones y las marcas de amolado.

Proyecciones

Las proyecciones son pequeñas elevaciones o salpicaduras de metal en las soldaduras, generadas usualmente por la transferencia del metal fundido del electrodo al charco de soldadura. Contribuyen varios factores:

Corriente excesiva
- Una corriente demasiado alta expulsa gotas de metal fundido que se solidifican como proyecciones.

Configuración inadecuada del electrodo
- Alineación incorrecta o desgaste excesivo del electrodo afectan la estabilidad del arco y causan proyecciones.

Velocidad de avance incorrecta
- Una velocidad muy lenta permite que el metal exceda el área de fusión, y una muy rápida causa salpicaduras por desequilibrio térmico.

Composición del material y electrodo
- Alto contenido de carbono o impurezas en los materiales base o de aporte aumentan la probabilidad de proyecciones.

Para minimizar las proyecciones (salpicaduras) en soldadura, es crucial un control preciso del proceso:

- **Ajuste de parámetros:** monitorizar y ajustar corriente, voltaje y velocidad dentro de límites aceptables, utilizando equipos modernos con control preciso.
- **Selección adecuada del electrodo:** usar electrodos según especificaciones, revisarlos por desgaste y preferir aquellos con revestimientos que estabilicen el arco.
- **Mantenimiento y limpieza de superficies:** asegurar que el metal base y el electrodo estén limpios, eliminando óxidos, pinturas, grasas y otros contaminantes antes de soldar.

Marcas de amolado

Las marcas de amolado son defectos superficiales que ocurren generalmente durante las operaciones de acabado de los cordones de soldadura. Estos defectos surgen cuando el metal se elimina o se deforma debido a la acción de una herramienta abrasiva. Aunque no siempre afectan la resistencia estructural de la pieza, pueden ser puntos de inicio de corrosión o fatiga, lo que puede comprometer la durabilidad del material.

Las marcas de amolado surgen por la mala aplicación de herramientas de acabado debido a: poca experiencia del operador, selección inadecuada de abrasivos, sobrecarga de la herramienta (exceso de presión o herramienta desgastada), y descuido durante el proceso de acabado. Estas causas generan marcas que afectan la estética y funcionalidad.

Para reducir las marcas de amolado se recomienda: formar al personal en técnicas correctas; seleccionar herramientas abrasivas adecuadas al material y acabado; mantener las herramientas periódicamente, reemplazando los desgastados; y establecer protocolos de calidad para revisar el acabado de las soldaduras.

 EJEMPLO

Una empresa de manufactura de estructuras metálicas ha identificado un problema recurrente de proyecciones y marcas de amolado en una de sus líneas de producción de vigas soldadas. Tras una auditoría interna, se descubrió que los parámetros de soldadura no se configuraban consistentemente debido a la alta rotación de personal. Además, las esmeriladoras utilizadas no habían sido reemplazadas durante varias semanas, y los empleados no siempre contaban con la formación necesaria para su correcto manejo.

Como medidas de mitigación, la empresa tomó los siguientes pasos:

1. Estableció un cronograma de rotación de equipos y reemplazo de consumibles: asegurar que las herramientas abrasivas estén siempre en óptimas condiciones técnicas.
2. Implementó un proceso de configuración electrónica de máquinas: las máquinas de soldadura ahora se configuran automáticamente con los valores correctos para las distintas tareas programadas.
3. Desarrolló un programa de formación continua para los operarios: para mejorar las habilidades de los equipos en el ajuste de las herramientas, en mantener las condiciones apropiadas durante el proceso de soldadura y en técnicas correctas de amolado.
4. Creó un sistema de verificación de acabado: se implementaron controles de calidad tras el postsoldeo para detectar inmediatamente cualquier imperfección visible en la superficie.

Continúa en página siguiente >>

<< Viene de página anterior

Resultados:

Tras implementar estos cambios, la empresa logró reducir significativamente las proyecciones y las marcas de amolado, garantizando un producto final con mayor integridad estructural y estética superior.

En resumen, una ejecución cuidadosa de las operaciones de postsoldeo con el uso adecuado de equipos, formación continua del personal y la implementación de protocolos estandarizados es vital para minimizar las imperfecciones tanto en las proyecciones como en las marcas de amolado. Estas acciones no solo reducen los defectos superficiales, sino que también contribuyen a mantener altos estándares de control de calidad en el proceso de unión soldada.

 **APLICACIÓN PRÁCTICA**

Una vez que Manuel da por terminada la soldadura, debe realizar una inspección visual. A pesar de no apreciar defectos en la soldadura, debe dejarla finalizada también en su aspecto final.

Indica qué defectos observas en la siguiente imagen que deberían corregirse para poder darla por finalizada:

Soldadura con defectos atribuibles

Continúa en página siguiente >>

<< Viene de página anterior

Solución

Se puede apreciar un exceso de proyecciones y una mordedura continuada.

---

6. Corrección de las imperfecciones y defectos con técnicas mecánicas y térmicas

 HILO CONDUCTOR

Tras la inspección, Manuel corrige imperfecciones y defectos empleando técnicas mecánicas y térmicas, utilizando herramientas como la amoladora angular, arco aire, plasma y la amoladora recta neumática. Esta corrección minuciosa garantiza el cumplimiento de los estándares de la empresa, demostrando su alta cualificación y responsabilidad en cada soldadura. Él mismo se debe asegurar la calidad con inspección visual detallada usando equipamiento básico. Los procedimientos incluyen evaluar limpieza, medir dimensiones y documentar resultados. Se verifican parámetros críticos como grietas, inclusiones, falta de fusión, imperfecciones de forma y otras anomalías.

En el ámbito de la soldadura, la corrección de imperfecciones y defectos es crucial para asegurar la integridad estructural y la calidad del producto final. Las imperfecciones, como escorias, porosidades y fisuras, pueden comprometer no solo el rendimiento del componente, sino también la seguridad en su aplicación. Por lo tanto, después de identificar las imperfecciones en la fase de inspección, es fundamental abordar su corrección de manera eficaz mediante técnicas apropiadas. Este apartado se centra en los métodos mecánicos y térmicos empleados para mitigar o corregir estos defectos.

Las técnicas mecánicas corrigen defectos visibles superficialmente mediante remoción o modificación física. El amolado elimina proyecciones y asperezas con amoladoras angulares, y requiere cuidado para evitar sobrecalentamiento. El esmerilado suaviza superficies con lijas o bandas abrasivas para acabados finos. El martillado cierra pequeñas fisuras y alivia tensiones superficiales con golpes controlados.

Las técnicas térmicas son métodos donde el calor se utiliza para modificar la estructura metálica o corregir imperfecciones en las uniones soldadas. Estas técnicas son eficaces para tratar defectos internos o de difícil acceso mediante métodos mecánicos.

RECUERDA

Los tratamientos térmicos, en su forma más básica, son procesos controlados de calentamiento y enfriamiento de metales con el propósito de modificar sus propiedades mecánicas y físicas. Estos tratamientos son esenciales no solo para mejorar la resistencia y dureza de los metales, sino también para aliviar tensiones residuales y mejorar la ductilidad. Esta transformación controlada del material bajo condiciones precisas permite adaptarlo a un uso específico, lo que, a su vez, incrementa la longevidad y la seguridad del producto final.

En ocasiones, la reparación de la soldadura no conlleva removerla, sino que con un tratamiento térmico se puede subsanar; veamos en qué se basan estas técnicas:

1. **Tratamientos térmicos.** Los tratamientos térmicos, como el alivio de tensiones (calentamiento y enfriamiento controlado), redistribuyen las tensiones internas postsoldadura, reduciendo fisuras y deformaciones, lo cual es crucial en soldaduras gruesas o metales frágiles. También incluyen el revenido, que mejora la ductilidad y alarga la vida útil, modificando la microestructura mediante ciclos térmicos controlados.
2. **Recalentamiento localizado.** El recalentamiento localizado es una técnica para corregir deformaciones postsoldadura mediante calor controlado, y permite la expansión y contracción uniforme del área afectada. Requiere precisión para evitar sobrecalentamiento, que podría dañar el material y aumentar el riesgo de fractura.
3. **Soldadura de reparación.** La soldadura de reparación restaura la integridad de soldaduras defectuosas mediante calor y material de aporte, tras limpiar la zona afectada. Esencial para corregir poros o cavidades, asegura la fusión adecuada entre materiales.

La corrección de defectos complejos en soldaduras a menudo requiere combinar técnicas mecánicas y térmicas, como amolado seguido de recalentamiento, para optimizar el acabado y el rendimiento estructural. La selección precisa de estas técnicas, basada en un análisis detallado del defecto y el material, es crucial para preservar o mejorar las propiedades del metal. La experiencia del personal es fundamental para evitar nuevos defectos o agravar los existentes.

La seguridad y la calidad son primordiales en la corrección de defectos de soldadura. Se requieren EPI adecuados, supervisión para cumplir con normativas como la ISO 17672, e inspecciones postcorrección mediante ensayos no destructivos (ultrasonido, radiografía, líquidos penetrantes) para asegurar la integridad y conformidad del componente soldado.

 ACTIVIDAD COMPLEMENTARIA

14. Todos los trabajos en la industria están regulados por normas o normativas, tanto nacionales como internacionales. Investiga qué norma es la ISO 17672 e indica a qué proceso de soldadura se refiere.

6.1. Amoladora angular

La amoladora angular es una herramienta eléctrica indispensable en los procesos de postsoldeo, especialmente cuando se busca asegurar una unión soldada de alta calidad. Se trata de una máquina multifuncional utilizada tanto para lijar, cortar, desbastar, alisar superficies, realizar biseles, como para remover materiales, que desempeña un papel crucial en la corrección de imperfecciones y defectos presentes en las uniones soldadas. En este apartado, exploraremos las características de la amoladora angular, sus componentes, su correcto manejo y las técnicas empleadas en las distintas operaciones postsoldeo, además de las medidas de seguridad a seguir durante su uso.

Amoladora angular o radial

La amoladora angular es una herramienta electromecánica portátil que se diferencia de otros dispositivos por su versatilidad y potencia. Las amoladoras angulares vienen en diferentes tamaños, desde modelos para discos de 115 mm de diámetro para trabajos menores hasta amoladoras para discos de 230 mm de diámetro para cortes y desbastes más intensos.

Su motor varía de entre 500 a 2500 W, lo que permite elegir la herramienta adecuada según la aplicación específica requerida en el proceso postsoldeo.

Sus elementos principales son:

- **Motor eléctrico** para la potencia
- **Protector de disco** para la seguridad
- **Mango auxiliar** para un mejor manejo
- **Interruptor** de encendido/apagado (varía según la marca)

Un **manejo adecuado** de la amoladora angular es crucial en el ámbito del postsoldeo, debido a su versatilidad en el tratamiento de las piezas soldadas. Para garantizar un óptimo rendimiento y calidad en los trabajos realizados, deben considerarse los siguientes aspectos:

- **Preparación antes de la operación.** Antes de iniciar la operación con una amoladora angular, se deben realizar una serie de inspecciones y preparaciones:

  - Inspección del equipo
  - Selección del disco
  - Ajuste del protector del disco
  - Colocación del mango auxiliar

- **Técnicas de operación:**

  - Control de velocidad
  - Ángulo de trabajo
  - Presión adecuada
  - Uso regulador del soplido para enfriar las piezas

- **Técnicas de acabado.** En el acabado de soldaduras, la amoladora angular se usa para eliminar imperfecciones y uniformizar la superficie mediante:

  - **Desbaste:** elimina rebabas y define la forma de la unión.
  - **Lijado:** suaviza la superficie con discos de lija, preparándola para tratamientos posteriores.

○ **Pulido:** obtiene un acabado brillante en acero inoxidable o aluminio con discos específicos.

El uso de cualquier herramienta eléctrica conlleva ciertos riesgos y, en el caso de la amoladora angular, se requiere una atención especial a las medidas de seguridad debido a su poder y velocidad de operación.

Usar **EPI** con amoladoras es crucial para la seguridad, ya que protege ojos, vías respiratorias, oídos, manos y pies de partículas, polvo, ruido, cortes y vibraciones, previniendo lesiones graves y enfermedades a largo plazo.

El planteamiento seguro para trabajar con amoladoras es seguir pasos secuenciales y repetitivos, sin dejar atrás ninguno de estos puntos:

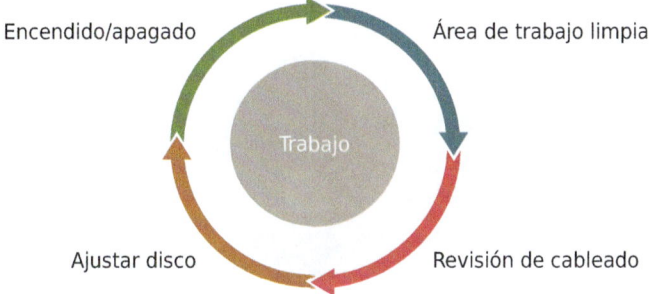

Un mantenimiento regular de la amoladora angular es vital para prolongar su vida útil y asegurar operaciones seguras y eficaces. Los siguientes son pasos clave en el mantenimiento:

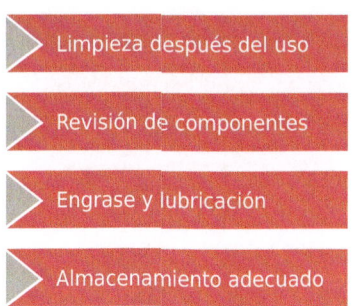

6.2. Arco aire

Se trata de una técnica esencial para operaciones postsoldeo.

El proceso de corte por arco aire es una técnica ampliamente utilizada en la industria de la soldadura, especialmente diseñada para mejorar la calidad y precisión de las uniones soldadas mediante la eliminación de material no deseado o defectuoso. Este proceso resulta crucial en la fase de control de calidad postsoldeo, ya que permite corregir imperfecciones en las soldaduras y preparar superficies para aplicaciones posteriores.

El corte por arco aire utiliza un arco eléctrico y aire comprimido para cortar metales. El arco funde el material y el aire lo expulsa, logrando cortes precisos y rápidos, útiles para cortar, biselar y perfilar.

Soldador utilizando el arco aire para cortar

El equipo de corte por arco aire consta de:

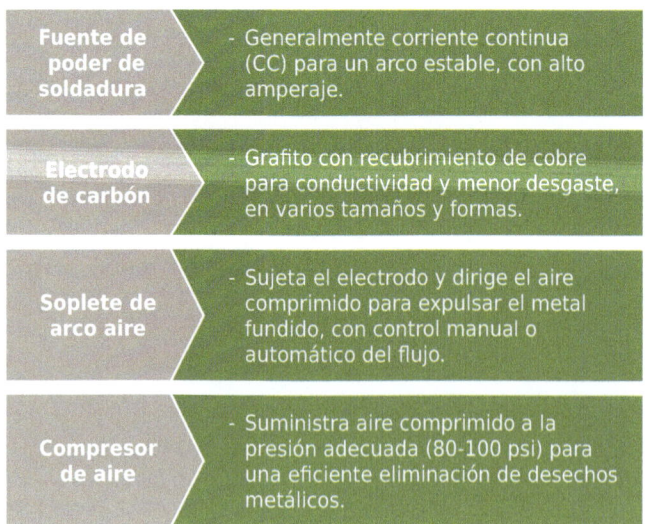

Fuente de poder de soldadura	- Generalmente corriente continua (CC) para un arco estable, con alto amperaje.
Electrodo de carbón	- Grafito con recubrimiento de cobre para conductividad y menor desgaste, en varios tamaños y formas.
Soplete de arco aire	- Sujeta el electrodo y dirige el aire comprimido para expulsar el metal fundido, con control manual o automático del flujo.
Compresor de aire	- Suministra aire comprimido a la presión adecuada (80-100 psi) para una eficiente eliminación de desechos metálicos.

El proceso operativo tiene varias etapas esenciales. En primer lugar, es vital configurar el equipo correctamente, estableciendo la intensidad de corriente adecuada y asegurándose de que el flujo de aire sea constante y suficiente.

 **VÍDEO**

En el siguiente enlace encontrarás un vídeo sobre el sistema de corte por arco aire.

https://redirectoronline.com/uf30030203

Los pasos básicos para operar el equipo de corte por arco aire son:

- Seleccionar y montar el electrodo adecuado según el material y el tipo de corte.
- Ajustar la fuente de poder a la corriente correcta para el grosor del material.
- Posicionar el soplete sobre la superficie con un ángulo de ataque óptimo (30°-45°).
- Establecer un arco eléctrico constante entre el electrodo y el metal base para estabilidad y eficiencia.
- Mover continuamente el soplete a lo largo del área de corte para que el chorro de aire remueva el metal fundido.

El corte por arco aire tiene diversas aplicaciones industriales:

- **Remoción de soldaduras defectuosas:** elimina soldaduras que no cumplen los estándares, facilitando la corrección de errores estructurales.
- **Preparación de juntas para soldadura:** crea biseles y perfiles para mejorar la penetración del metal de aporte y la solidificación uniforme.
- **Modelado de superficies metálicas:** da forma a piezas complejas, útil para ajustes rápidos en fabricación y montaje.
- **Corte de metales de impacto repetido:** eficaz para cortar piezas en industrias como el reciclaje y el desguace.

La técnica arco aire presenta múltiples beneficios:

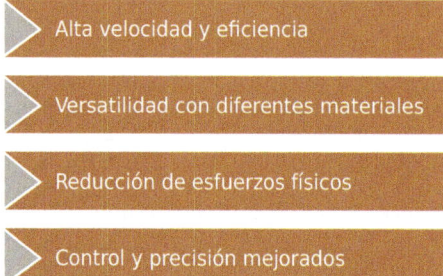

Alta velocidad y eficiencia

Versatilidad con diferentes materiales

Reducción de esfuerzos físicos

Control y precisión mejorados

Medidas de seguridad en el proceso de arco aire

Dado que el proceso involucra un arco eléctrico de alta intensidad y chorro de aire a alta presión, existen varias consideraciones de seguridad que es importante poner en práctica durante las operaciones:

- **Uso de equipos de protección personal (EPI):** es obligatorio el uso de mascarillas adecuadas, guantes ignífugos, protectores faciales y ropa segura para proteger contra las proyecciones de metal fundido y los humos nocivos.
- **Entorno adecuado de trabajo:** se debe trabajar en ambientes bien ventilados para evitar la acumulación de gases tóxicos y partículas metálicas.
- **Capacitación y práctica:** los operadores deben estar debidamente capacitados, y deben comprender a fondo las especificaciones del equipo utilizado y la técnica adecuada de operación.

TAREA 7

A Manuel le han encargado realizar un trabajo de resanado mediante arco aire. En la empresa nunca lo han utilizado y desconocen qué requisitos se deben tener en cuenta a la hora de comprar y poder utilizar este sistema. Le piden que averigüe qué se necesita para su instalación, para poder incorporarlo a su producción. Debe incluir los consumibles.

¿Podrías ayudarle?

6.3. Plasma

En el contexto de las operaciones postsoldeo, el uso del plasma trae consigo una serie de técnicas y aplicaciones que aseguran la calidad final de las uniones utilizadas en la fabricación y mantenimiento de estructuras soldadas. Al incorporar el plasma en estas operaciones, se busca mejorar la eficiencia del proceso, optimizar el acabado superficial y garantizar las propiedades mecánicas deseadas de las uniones soldadas.

Soldador utilizando máquina de corte por plasma

El plasma es considerado el cuarto estado de la materia, más allá de los sólidos, líquidos y gases. Este estado se forma cuando un gas es ionizado, convirtiendo átomos o moléculas en iones libres y electrones. En aplicaciones industriales, el plasma se crea frecuentemente mediante una descarga eléctrica, generando un arco eléctrico que calienta el gas hasta que alcanza una temperatura lo suficientemente alta para ionizarse y entrar en estado plasmático. El uso de plasma implica temperaturas extremadamente elevadas, lo cual le confiere una alta reactividad y capacidad para cortar y soldar materiales.

Una de las características más distintivas del plasma es su capacidad para conducir electricidad, lo que explica su amplia utilización en procesos de corte y soldadura. El control preciso de este medio es esencial para alcanzar la calidad deseada en las aplicaciones de postsoldeo.

El plasma tiene múltiples **aplicaciones** finales en fabricación y reparación de estructuras soldadas: corte, recubrimiento y tratamiento superficial.

Corte por plasma	Soldadura por plasma
- Muy eficaz y preciso para cortar metales (acero inoxidable, aluminio), más rápido y de mayor calidad que el oxicorte. Usa un arco eléctrico en una antorcha que ioniza un gas (aire o inerte) a plasma de alta temperatura para fundir y expulsar el metal. Es esencial en la construcción naval para cortes precisos y también permite biselados y ranuras.	- Derivada de la soldadura TIG, usa una antorcha especial para un arco más concentrado y energético, ofreciendo mayor control y temperaturas más altas. Permite una penetración superior en materiales gruesos sin múltiples pasadas, ideal para automatización y replicabilidad (automotriz, aeroespacial), como en la construcción de fuselajes de aeronaves donde la resistencia y la calidad superficial son cruciales.

 **VÍDEO**

En el siguiente enlace puedes ver un vídeo sobre el sistema de corte por plasma manual.

https://redirectoronline.com/uf30030204

Fuera de los procesos de corte y soldadura, el plasma se utiliza sustancialmente en la decoración y protección de superficies. El recubrimiento por plasma es un método que permite aplicar capas de material sobre superficies metálicas u otros sustratos a fin de protegerlos del desgaste, la corrosión o simplemente conferenciarles características específicas.

Al aplicar recubrimientos por plasma, el material de recubrimiento se convierte en polvo y se alimenta a través de una llama de plasma, disolviéndose y después depositándose sobre la superficie del material base. Este procedimiento, altamente versátil, admite una amplia gama de materiales como cerámica, metal o composites.

Su aplicación es significativa en industrias como la aeroespacial o la manufactura avanzada, donde se requieren tratamientos precisos para alargar la vida útil de componentes vitales. Un caso de utilidad se encuentra en las turbinas de aviación, donde las palas son recubiertas con cerámicas mediante pulverización por plasma para mejorar la resistencia térmica y al desgaste.

La aplicación del plasma exige estrictos controles de calidad en preparación e inspección final. La verificación del equipo (flujo de energía y gas, tobera) es fundamental. La prueba de material asegura la soldabilidad y detecta imperfecciones (NDT como ultrasonido o rayos X). La inspección final verifica la conformidad (visual, dimensional, pruebas mecánicas) de cortes (suavidad, ángulo) y soldaduras (geometría, ausencia de defectos internos).

El **avance continuo de la tecnología** de plasma promete innovaciones significativas en el control y ejecución de procesos productivos en el ámbito de soldadura y corte. Desarrollo de nuevas boquillas, fuentes de potencia avanzadas, y métodos de control automatizado, junto a sistemas de visión e inteligencia artificial para monitoreo y ajuste continuo del proceso están en el umbral de transformar aún más la eficiencia y calidad de las operaciones postsoldeo.

 **APLICACIÓN PRÁCTICA**

Manuel encuentra una grieta longitudinal en una soldadura de tubería de alta presión. Para repararla correctamente, necesita acceder a la raíz de la grieta.

Manuel configura el equipo de corte por plasma en modo *gouging* (acanalado). Con un ángulo y velocidad controlados, desplaza la antorcha

Continúa en página siguiente >>

<< Viene de página anterior

a lo largo de la grieta, removiendo material de forma controlada para crear un canal que exponga la raíz del defecto. Este proceso facilita una soldadura de reparación con una penetración completa y una buena fusión con el material base.

¿Sabrías indicar cómo debe realizar estos pasos?

Solución (Posible solución)

Tras el *gouging*, Manuel debería limpiar cuidadosamente el canal para eliminar cualquier residuo. Luego, aplicar una soldadura de reparación, rellenando el canal en pasadas sucesivas según el procedimiento establecido. Finalmente, inspeccionar la reparación mediante END (como líquidos penetrantes o partículas magnéticas) para asegurar la ausencia de defectos.

6.4. Amoladora recta neumática

La amoladora recta neumática es una herramienta esencial en el arsenal de equipos para la preparación y acabado de soldaduras. Su uso es crucial para asegurar que las superficies soldadas cumplan con los requisitos de calidad necesarios para diversas aplicaciones industriales. Este apartado se adentrará en los aspectos técnicos y prácticos del uso de la amoladora recta neumática, incluyendo sus características, funcionamiento, aplicaciones específicas y técnicas de uso seguro, proporcionando una visión completa de su relevancia en las operaciones postsoldeo.

La amoladora recta neumática es una herramienta compacta y versátil utilizada para amolar, pulir y lijar metales y otros materiales. A diferencia de las amoladoras eléctricas, estas herramientas funcionan con aire comprimido, lo que ofrece varias ventajas, entre las que se incluyen la durabilidad, mayor fuerza de torsión y menor peso. La amoladora recta es especialmente útil para trabajar en espacios confinados y realizar acabados precisos en las superficies soldadas.

Algunos modelos de radiales neumáticas, además de la conexión neumática, tienen un regulador de aire para control del flujo.

Los componentes clave son:

Motor neumático	- El motor es impulsado por aire comprimido, generando el movimiento necesario para rotar los accesorios acoplados.
Mandril	- Es el mecanismo donde se sujeta el accesorio de corte o pulido, con diámetros que varían para ajustarse a diferentes tipos de trabajos.
Cuerpo o carcasa	- Hecho generalmente de metal fundido o compuestos plásticos reforzados, ofrece durabilidad y resiste el desgaste del uso frecuente.
Protector de seguridad	- Este elemento es fundamental para prevenir que fragmentos o partículas altas resultantes de la operación afecten al operador.

La amoladora recta neumática opera mediante un sistema de aire comprimido. Cuando el operador acciona el gatillo, una válvula interna se abre permitiendo que el aire fluya desde el compresor hacia el motor neumático. Este aire impulsa las palas del motor, generando movimiento rotacional de alta velocidad.

La velocidad y la fuerza de amolado se controlan ajustando el flujo del aire o cambiando el tamaño y forma del accesorio. Esto proporciona al usuario un control preciso para realizar tareas que requieran distintos niveles de removido de material o acabado de superficie.

Dentro del contexto de control de calidad de uniones soldadas, la amoladora recta neumática es instrumental para obtener acabados que cumplan con los estándares industriales. Entre sus aplicaciones más comunes se encuentran:

a. **Eliminación de rebabas:** durante el proceso de soldadura, la formación de rebabas es casi inevitable. La amoladora recta permite su remoción precisa, garantizando que no queden restos que puedan afectar la integridad estructural o la apariencia del producto terminado.
b. **Pulido de cordones de soldadura:** el exceso de soldadura puede ser alisado usando discos de lija o piedras montadas, permitiendo transiciones suaves y evitando puntos de tensión.
c. **Preparado de superficies:** antes de aplicar recubrimientos protectores o realizar inspecciones visuales de las soldaduras, es necesario que la superficie esté acondicionada adecuadamente, lo que incluye la remoción de óxidos y residuos.
d. **Ajuste dimensional:** en ocasiones, es necesario realizar ajustes menores en el tamaño o forma de las piezas soldadas. La presión de la amoladora recta neumática permite realizar estos ajustes sin dañar las características del material.

Distintos modelos de discos para acabados diferentes

Dependiendo del trabajo específico, se pueden acoplar diferentes tipos de discos y herramientas a la amoladora recta. A continuación, se describen algunos de los más usados:

Discos de láminas
- Ideales para operaciones de lijado superficial o pulido.

Piedras montadas
- Hechas de abrasivos como el carburo de silicio o el óxido de aluminio, son perfectas para amolar metales y pulir bordes.

Cepillos de alambre
- Comúnmente utilizados para desoxidación y limpieza de superficies antes de realizar inspecciones o aplicar recubrimientos.

La seguridad con amoladoras neumáticas requiere: inspección previa de daños y fugas, uso de EPI (gafas, guantes, protección auditiva, mascarilla si es necesario), mantener el área limpia para evitar accidentes, no exceder las revoluciones por minuto del accesorio para prevenir roturas, y tomar descansos regulares para evitar fatiga y mantener la concentración.

Para asegurar un funcionamiento óptimo y prolongado de la amoladora recta neumática, se deben seguir ciertas prácticas de mantenimiento:

a. **Lubricación regular:** la mayoría de las herramientas neumáticas requieren lubricación frecuente para funcionar correctamente. Usa un lubricante específico para herramientas neumáticas, aplicándolo a la conexión de aire antes y después de cada uso.
b. **Limpieza periódica:** limpia regularmente la carcasa de la amoladora para evitar que el polvo y los residuos bloqueen los conductos de aire o desgasten las superficies.
c. **Reemplazo de piezas desgastadas:** supervisa el desgaste de los componentes clave del equipo, incluyendo sellos, mandriles y accesorios, y reemplázalos según sea necesario para mantener la funcionalidad y seguridad de la herramienta.
d. **Almacenamiento adecuado:** guarda la amoladora recta neumática en un lugar limpio y seco cuando no esté en uso. Protege el equipo de la humedad y la exposición a productos químicos corrosivos.

Las amoladoras neumáticas avanzan con controles digitales para precisión y nuevos materiales para durabilidad. La ergonomía y reducción de vibraciones mejoran la seguridad y el confort. Son esenciales para el acabado postsoldeo, ofreciendo flexibilidad y cumpliendo estándares de calidad. Su uso y mantenimiento adecuados aseguran su valor para soldadores y técnicos.

7. Resumen

Debemos profundizar en el aseguramiento de la calidad en las uniones soldadas, comenzando por un análisis exhaustivo de los diversos **defectos** que pueden surgir durante el proceso de soldadura, como grietas, cavidades (poros, picaduras, rechupes), inclusiones sólidas (escorias, óxido), falta de fusión y penetración, así como imperfecciones de forma (mordedura, desfondamiento) y otras anomalías superficiales.

A través de estos conocimientos emplearemos los **procedimientos estandarizados para la inspección visual,** la primera y a menudo más crucial etapa del control de calidad, enfatizando la importancia de una observación meticulosa y sistemática de la soldadura. Se presenta el **equipamiento básico esencial** para esta inspección, incluyendo elementos metrológicos para la medición dimensional, lupas de aumento para la detección de pequeñas irregularidades, linternas para una iluminación adecuada, galgas para verificar la geometría y plantillas para comparar perfiles.

Es indispensable implementar estos conocimientos, específicamente en los **parámetros clave a comprobar** durante la inspección visual, proporcionando criterios claros para identificar y evaluar la severidad de las grietas y cavidades, la presencia de inclusiones sólidas, la correcta fusión entre el material base y el material de aporte, la adecuada penetración de la soldadura, las imperfecciones de forma que comprometen la resistencia de la unión, y otras irregularidades como proyecciones no deseadas y marcas de amolado que pueden indicar problemas subyacentes.

De esta manera, sabremos aplicar las **técnicas de corrección** más comunes para rectificar las imperfecciones y defectos detectados, tanto mediante métodos mecánicos como térmicos. Se examina el uso de la amoladora angular para el desbaste y eliminación de material sobrante, la técnica de arco aire para la eliminación de soldadura defectuosa, el proceso de corte y eliminación con plasma, y la precisión de la amoladora recta neumática para trabajos de acabado y eliminación de pequeños defectos.

Ejercicios de autoevaluación
Unidad de Aprendizaje 2

1. Determina si la siguiente oración es verdadera o falsa: "La falta de penetración en la raíz de una soldadura se detecta fácilmente mediante inspección visual desde la cara de la soldadura".

    ■ Verdadero
    ■ Falso

2. Describe brevemente cómo se realiza un examen metrológico de un cordón de soldadura.

    _____
    _____
    _____
    _____

3. ¿Qué defectos se corrigen habitualmente mediante técnicas de esmerilado?

    _____
    _____

4. Determina si la siguiente oración es verdadera o falsa: "Las mordeduras en soldadura son causadas principalmente por una velocidad de soldadura excesiva".

    ■ Verdadero
    ■ Falso

5. Explica la importancia de verificar la planitud y perpendicularidad de piezas soldadas.

    _____
    _____
    _____
    _____

6. ¿Qué tipo de alteración puede ocurrir al eliminar puntos de amarre mediante corte térmico?

_____

_____

7. Determina si la siguiente oración es verdadera o falsa: "La inspección visual es suficiente para detectar todas las imperfecciones en una unión soldada".

   ■ Verdadero
   ■ Falso

8. Describe las medidas de seguridad necesarias al realizar operaciones de amolado.

_____

_____

_____

_____

9. ¿Qué se debe hacer si se detecta una desviación en las dimensiones de un cordón de soldadura durante un examen metrológico?

_____

_____

_____

_____

10. Explica brevemente cómo se documenta el resultado final de un proceso de soldadura.

_____

_____

_____

_____

Glosario

Borde
Extremo de la pieza que se ha de trabajar previamente para realizar la soldadura correctamente.

Botella o sistema de alimentación de gas
Elemento destinado a proporcionar los gases a utilizar.

Chispero
Encendedor de llama sin gas.

Consumible
Material a utilizar en los diferentes procesos de soldeo (gases de soldadura, electrodos, varillas de aportación, fundentes y desoxidantes).

Cordón de raíz
Primer cordón a realizar en una soldadura de varias pasadas.

Desoxidante
Producto químico para limpieza de materiales.

Electrodo consumible (alambre electrodo)
Electrodo macizo continuo utilizado en proceso MIG/MAG (bobina de hilo).

Electrodo no consumible
Electrodo utilizado para establecer un arco eléctrico y proporcionar el calor necesario para fundir los materiales (proceso *tig*).

Electrodo revestido
Electrodo constituido por una varilla circular maciza metálica y recubierta de diferentes componentes químicos destinados a la protección.

EPI
Equipo de protección individual.

Esmeriladora
Reciben este nombre las máquinas que incorporan una muela de esmeril y se emplean para quitar rebabas, soldadura y preparación de los materiales.

Estanqueidad
Calidad de estanco. Completamente cerrado, sin fugas.

Fundente
Sustancia que se mezcla con otra para facilitar su fusión.

Gas comburente
Gas que activa o favorece la combustión.

Gas combustible
Gas que arde.

Gas de protección
Gas destinado a la protección de la soldadura.

Generador de alta frecuencia
Equipo destinado a generar impulsos de elevada intensidad para cebar y mantener el arco eléctrico.

Guía para hilo
Conducto para llevar el alambre electrodo a la pistola de soldeo.

Hoja de especificaciones de materiales
Documento técnico que contiene las características de los materiales.

Hoja de procedimiento (WPS)
Hoja de especificación de los procesos de soldeo.

Lápiz calorimétrico
Elemento para medir temperaturas.

Orden de fabricación
Documento técnico que contiene las fases de fabricación.

Parámetros de soldeo
Valores de las magnitudes de soldeo.

Pinza
Pieza que sujeta el electrodo no consumible del proceso *tig*.

Plano de fabricación
Documento gráfico que contiene la información necesaria para la definición del trabajo a realizar.

Polaridad
Definición de conexión en un rectificador, directa o inversa.

Posicionador
Elemento mecánico para la colocación de las piezas a soldar.

Puntear
Sujetar mediante puntos de soldadura las piezas.

Rectificador
Convertidor de corriente alterna en corriente continua.

Respaldo
Elemento de sujeción y protección del cordón de raíz (para protección de la raíz mediante gas).

Rodillo de arrastre
Elemento de arrastre del hilo continuo.

Rodillo de empuje
Elemento de empuje del hilo continuo.

Secuencia (de soldeo y de apertura y cierre de gases)
Orden de ejecución de tareas.

Sistema de fijación
Herramienta y útil de amarre y sujeción de piezas.

Soporte
Elemento de fijación de piezas.

Transformador
Dispositivo eléctrico utilizado para convertir la corriente de alta tensión y débil intensidad en otra de baja tensión y gran intensidad.

Unidad de alimentación de alambre
Conjunto de motores y rodillos para el avance del electrodo continuo.

Utillaje
Accesorio utilizado para la sujeción de piezas.

Válvula antirretroceso de llama
Elemento de seguridad que previene un retroceso de la llama en el soplete.

Virador
Herramienta para girar las piezas a soldar.

Bibliografía

Monografías

→ HERNÁNDEZ Riesco, G.: *Manual del soldador*. Asociación Española Soldadura y Tecnología Unión, 2014.

> Este manual se enfoca en la aplicación práctica, facilitando la transmisión de conocimientos directamente al soldador. Su contenido está diseñado para ser accesible y útil en el entorno laboral, permitiendo una rápida comprensión de los procedimientos. Aborda situaciones reales y ofrece soluciones concretas, asegurando que el soldador pueda aplicar las técnicas de manera efectiva. Además, incluye ejemplos y ejercicios prácticos que refuerzan el aprendizaje y mejoran las habilidades del soldador en el campo.

→ REINA Gómez, M.: *Soldadura de los aceros: aplicaciones*. Madrid, WELD-WORK S. L., 2003.

> Esta obra ofrece un conocimiento integral sobre los procesos de soldadura industriales, la metalurgia y su relevancia en la inspección, los métodos de ensayos destructivos y no destructivos, y la normativa aplicable para el aseguramiento de la calidad y la cualificación de procedimientos de soldadura y soldadores.

Textos electrónicos

→ Asociación Española de Soldadura y Tecnologías de Unión (CESOL), de: <https://www.cesol.es>.

> Página web oficial de CESOL con información técnica especializada sobre procesos de soldadura, ensayos no destructivos y normativas aplicables.